[英] 艾莉森·佩奇（Alison Page）
黛安·莱文（Diane Levine） 著

赵婴 樊磊 刘畅 郭嘉欣 刘桂伊 译

牛津给孩子的信息科技通识课

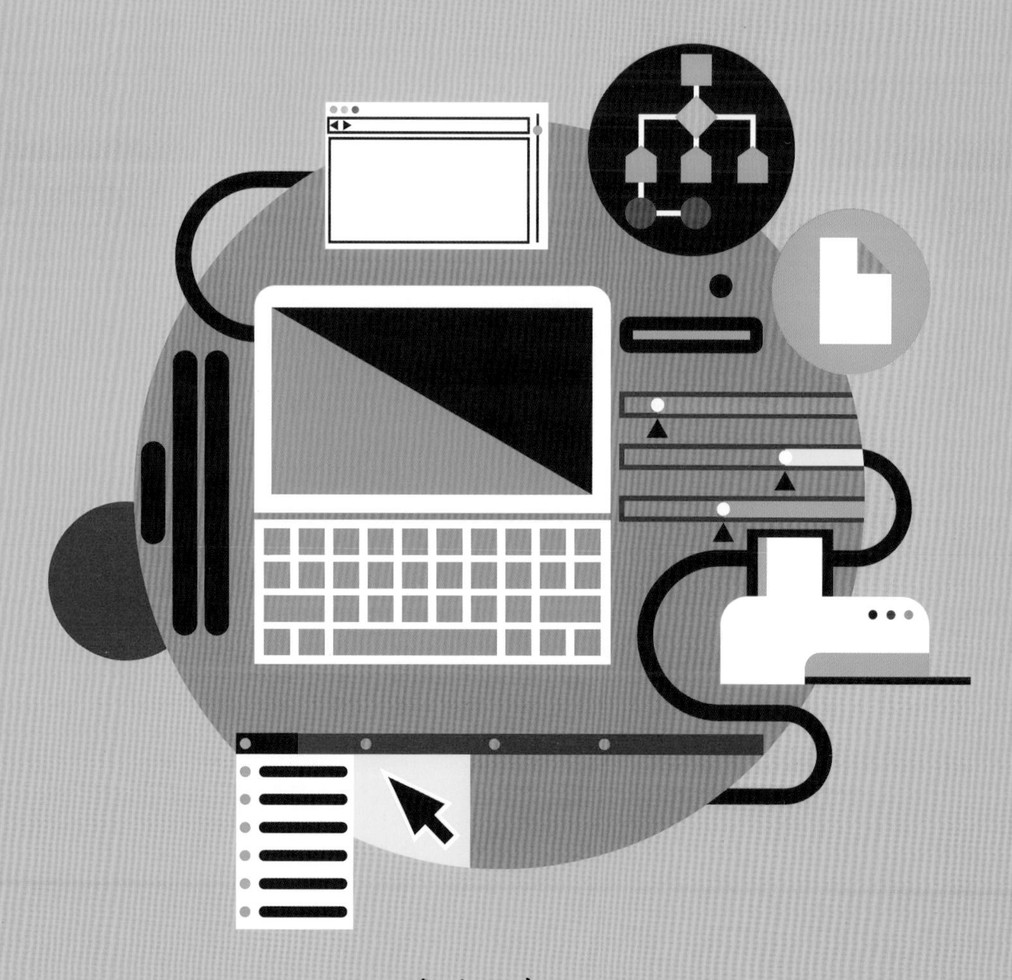

清華大學出版社
北京

内 容 简 介

新版《牛津给孩子的信息科技通识课》共 9 册，旨在向 5 ～ 14 岁的学生传授重要的计算思维技能，以应对当今的数字世界。本书是其中的第 2 册。

本书共 6 单元，每单元包含循序渐进的 6 部分教学内容和一个自我测试。教学环节包括学习目标和学习内容、课堂活动、额外挑战和更多探索等。自我测试包括一定数量的测试题和以活动方式提供的操作题，读者可以自测本单元的学习成果。第 1 单元介绍计算机的主要部件及其功能，计算机能做和不能做的事情；第 2 单元介绍如何查询并下载文字和图像、安全使用计算机以及隐私保护；第 3 单元介绍算法以及如何编写和运行程序；第 4 单元介绍程序构成，如何完成、修改程序；第 5 单元介绍如何制作、存储文档；第 6 单元介绍电子表格中的标签和数值，以及单元格引用和公式的使用。

本书适合学习本课程第 2 年的 6 ～ 7 岁的学生阅读，可以作为培养学生 IT 技能和计算思维的培训教材，也适合学生自学。

北京市版权局著作权合同登记号　图字：01-2021-6582

版权所有，侵权必究。举报：010-62782989，beiqinquan@tup.tsinghua.edu.cn。

图书在版编目（CIP）数据

牛津给孩子的信息科技通识课 . 2 / (英) 艾莉森 • 佩奇 (Alison Page) , (英) 黛安 • 莱文 (Diane Levine) 著；赵婴等译 . —北京：清华大学出版社，2024.9

ISBN 978-7-302-61054-0

Ⅰ . ①牛…　Ⅱ . ①艾… ②黛… ③赵…　Ⅲ . ①计算方法－思维方法－青少年读物　Ⅳ . ① O241-49

中国版本图书馆 CIP 数据核字 (2022) 第 096441 号

责任编辑： 袁勤勇
封面设计： 常雪影
责任校对： 郝美丽
责任印制： 沈　露

出版发行： 清华大学出版社
网　　址： https://www.tup.com.cn，https://www.wqxuetang.com
地　　址： 北京清华大学学研大厦 A 座　　**邮　　编：** 100084
社 总 机： 010-83470000　　**邮　　购：** 010-62786544
投稿与读者服务： 010-62776969，c-service@tup.tsinghua.edu.cn
质 量 反 馈： 010-62772015，zhiliang@tup.tsinghua.edu.cn
印 装 者： 小森印刷（北京）有限公司
经　　销： 全国新华书店
开　　本： 210mm×260mm　　**印　　张：** 7　　**字　　数：** 102 千字
版　　次： 2024 年 9 月第 1 版　　**印　　次：** 2024 年 9 月第 1 次印刷
定　　价： 59.00 元

产品编号：089976-01

序言

2022年4月21日，教育部公布了我国义务教育阶段的信息科技课程标准，我国在全世界率先将信息科技正式列为国家课程。“网络强国、数字中国、智慧社会”的国家战略需要与之相适应的人才战略，需要提升未来的建设者和接班人的数字素养和技能。

近年，联合国教科文组织和世界主要发达国家都十分关注数字素养和技能的培养和教育，开展了对信息科技课程的研究和设计，其中不乏有价值的尝试。《牛津给孩子的信息科技通识课》是一套系列教材，经过多国、多轮次使用，取得了一定的经验，值得借鉴。该套教材涵盖了计算机软硬件及互联网等技术常识、算法、编程、人工智能及其在社会生活中的应用，设计了适合中小学生的编程活动及多媒体使用任务，引导孩子们通过亲身体验讨论知识产权的保护等问题，尝试建立从传授信息知识到提升信息素养的有效关联。

首都师范大学外国语学院赵婴教授是中外教育比较研究者；首都师范大学教育学院樊磊教授长期研究信息技术和教育技术的融合，是普通高中信息技术课程课标组和义务教育信息科技课程课标组核心专家。他们合作翻译的该套教材对我国信息科技课程建设有参考意义，对中小学信息科技课程教材和资源建设的作者有借鉴价值，可以作为一线教师的参考书，也可供青少年学生自学。

熊璋

2024年5月

译者序

2014年，我国启动了新一轮课程改革。2018年，普通高中课程标准（2017年版）正式发布。2022年4月，中小学新课程标准正式发布。新课程标准的发布，既是顺应智慧社会和数字经济的发展要求，也是建设新时代教育强国之必需。就信息技术而言，落实新课程标准是中小学教育贯彻“立德树人”根本目标、建设“人工智能强国”及实施“全民全社会数字素养与技能”教育的重要举措。

在新课程标准涉及的所有中小学课程中，信息技术（高中）及信息科技（小学、初中）课程的定位、目标、内容、教学模式及评价等方面的变化最大，涉及支撑平台、实验环境及教学资源等课程生态的建设最复杂，如何达成新课程标准的设计目标成为未来几年我国教育面临的重大挑战。

事实上，从全球教育视野看也存在类似的挑战。从2014年开始，世界主要发达国家围绕信息技术课程（及类似课程）的更新及改革都做了大量的尝试，其很多经验值得借鉴。此次引进翻译的《牛津给孩子的信息科技通识课》就是一套成熟的且具有较大影响的教材。该套教材于2014年首次出版，后根据英国课程纲要的更新，又进行了多次修订，旨在帮助全球范围内各个国家和背景的青少年学生提升数字化能力，既可以满足普通学生的计算机学习需求，也能够为优秀学生提供足够的挑战性知识内容。全球任何国家、任何水平的学生都可以随时采用该套教材进行学习，并获得即时的计算机能力提升。

该套教材采用螺旋式内容组织模式，不仅涵盖计算机软硬件及互联网等技术常识，也包括算法编程、人工智能及其在社会生活中的应用等前沿话题。教材强调培养学生的技术责任、数字素养和计算思维，完整体现了英国中小学信息技术教育的最新理念。在实践层面，教材设计了适合中小学生的编程活动及多媒体使用任务，还以模拟食品店等形式让孩子们亲身体验数据应用管理和尊重知识产权等问题，实现了从传授信息知识到提升信息素养的跨越。

该套教材所提倡的核心观念与我国信息技术课标的要求十分契合，课程内容设置符合我国信息技术课标对课程效果的总目标，有助于信息技术类课程的生态建设，培养具有科学精神的创新型人才。

他山之石，可以攻玉。此次引进的《牛津给孩子的信息科技通识课》为我国5～14岁的学生学习信息技术、提高计算思维提供了优秀教材，也为我国中小学信息技术教育提供了借鉴和参考。

在本套教材中，重要的术语和主要的软件界面均采用英汉对照的双语方式呈现，读者扫描二维码就能看到中文界面，既方便学生学习信息技术，也帮助学生提升英语水平。

本套教材是5~14岁青少年学习、掌握信息科技技能和计算思维的优秀读物，既适合作为各类培训班的教材，也特别适合小读者自学。

本套教材由赵婴、樊磊、刘畅、郭嘉欣、刘桂伊翻译。书中如有不当之处，敬请读者批评指正。

译者

2024年5月

前言

向青少年学习者提供计算机

《牛津给孩子的信息科技通识课》是针对5~14岁学生的一个完整的计算思维训练大纲。遵循本系列课程的学习计划，教师可以帮助学生获得未来受教育所需的计算机使用技能及计算思维能力。

本书结构

本书共6个单元，针对于6~7岁学生。

1. 技术的本质：一台计算机不同部件的介绍。
2. 数字素养：在互联网上寻找信息。
3. 计算思维：规划怎么解决问题。
4. 编程：编写使用简单的循环结构的程序。
5. 多媒体：使用计算机做一个文档。
6. 数字和数据：使用电子表格求和。

你会在每个单元中发现什么

- 简介：线下活动和课堂讨论帮助学生开始思考问题。
- 课程：6节课程引导学生进行活动式学习。
- 测一测：测试和活动用于衡量学习水平。

你会在每节课中发现什么

每节课的内容都是独立的，但所有课程都有共同点：每节课的学习结果在课程开始时就已确定；学习内容既包括技能传授，也包括概念阐释。

活动 每节课都包括一个学习活动。

额外挑战 让学有余力的学生得到拓展的活动。

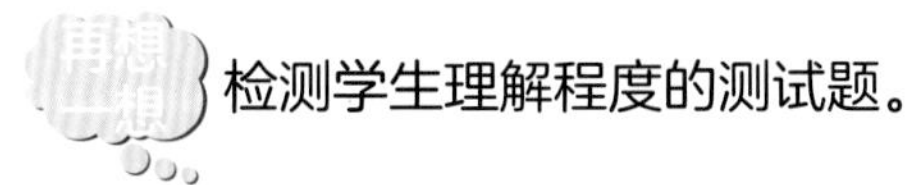

检测学生理解程度的测试题。

附加内容

你会发现贯穿全书的如下内容：

词云图 词汇云聚焦本单元的关键术语以扩充词汇量。

创造力 对创造性和艺术性任务的建议。

探索更多 额外的任务可以带出教室或带到家里。

未来的数字公民 在生活中负责任地使用计算机的建议。

词汇表 关键术语在正文中进行标注，并在课后的词汇表中进行阐释。

评估学生成绩

每个单元的最后几页用于对学生成绩进行评估。

- 进步：肯定并鼓励学习有困难但仍努力进取的学生。
- 达标：学生达到了课程方案为相应年龄组设定的标准。大多数学生都应该达到这个水平。
- 拓展：认可那些在知识技能和理解力方面均高于平均水平的学生。

问题和活动按成绩等级进行颜色编码。自我评价建议有助于学生检验自己的进步。

软件使用

建议该年龄段学生用Scratch进行编程。对于其他课程，教师可以使用任何合适的软件，例如Microsoft Office；谷歌Drive软件；LibreOffice；任意Web浏览器。

资源文件

你会在一些页面中看到这个符号，代表其他辅助学习活动的可用资源。例如Scratch编程文件和可下载的图像。

可在清华大学出版社官方网站www.tup.tsinghua.edu.cn上下载这些文件。

目录

本书知识体系导读

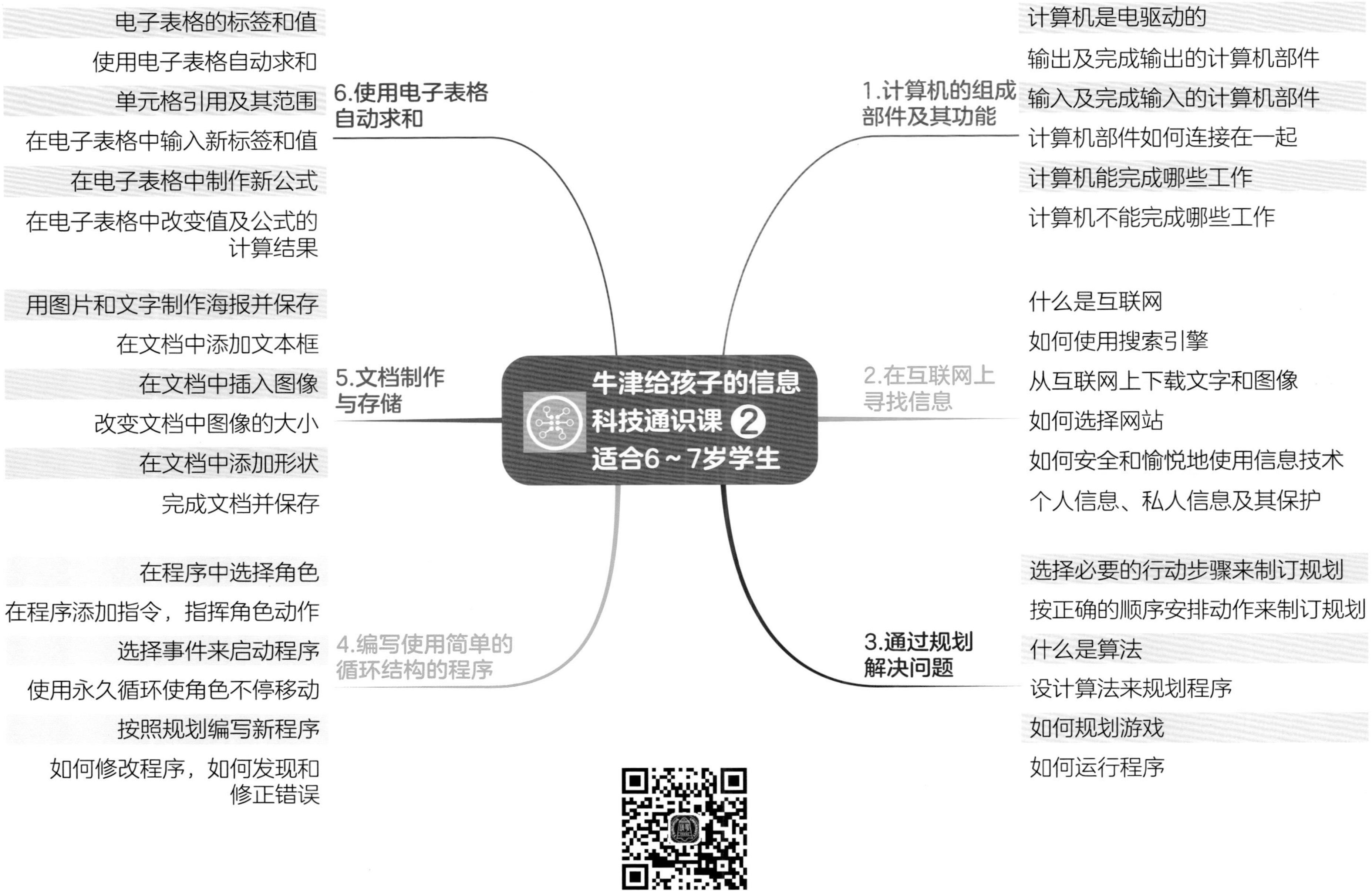

牛津给孩子的信息科技通识课 2 适合6～7岁学生

1.计算机的组成部件及其功能

- 计算机是电驱动的
- 输出及完成输出的计算机部件
- 输入及完成输入的计算机部件
- 计算机部件如何连接在一起
- 计算机能完成哪些工作
- 计算机不能完成哪些工作

2.在互联网上寻找信息

- 什么是互联网
- 如何使用搜索引擎
- 从互联网上下载文字和图像
- 如何选择网站
- 如何安全和愉悦地使用信息技术
- 个人信息、私人信息及其保护

3.通过规划解决问题

- 选择必要的行动步骤来制订规划
- 按正确的顺序安排动作来制订规划
- 什么是算法
- 设计算法来规划程序
- 如何规划游戏
- 如何运行程序

4.编写使用简单的循环结构的程序

- 在程序中选择角色
- 在程序添加指令，指挥角色动作
- 选择事件来启动程序
- 使用永久循环使角色不停移动
- 按照规划编写新程序
- 如何修改程序，如何发现和修正错误

5.文档制作与存储

- 用图片和文字制作海报并保存
- 在文档中添加文本框
- 在文档中插入图像
- 改变文档中图像的大小
- 在文档中添加形状
- 完成文档并保存

6.使用电子表格自动求和

- 电子表格的标签和值
- 使用电子表格自动求和
- 单元格引用及其范围
- 在电子表格中输入新标签和值
- 在电子表格中制作新公式
- 在电子表格中改变值及公式的计算结果

本书使用说明

技术的本质：我们的计算机

你将学习：

- ➔ 计算机的主要部件是什么；
- ➔ 计算机的主要部件是用来做什么的；
- ➔ 计算机能做什么事，不能做什么事。

计算机就在我们身边。

在我们的手机里也有计算机。我们家里也有计算机。

计算机可以帮助我们学习和工作。

你需要学会安全地使用计算机，让世界变得更美好。

谈一谈

为什么你认为了解计算机的工作原理很重要？

学习成果：说一说一台典型计算机的主要部件及其用途；说一说一些计算机能做的事情和一些计算机不能做的事情。

课堂活动

输入
输出　设备
鼠标　处理器
无线　屏幕

看看在你教室里的计算机。把它画在一张大纸上。你画了多少个部件？你能说出这些部件的名称吗？和小伙伴聊聊你认识的部件的名称，并将它们的名称写在图旁边。

你知道吗？

计算机用电来工作。有很多方法可以发电。可再生电力是指来自太阳能或风能等永不枯竭能源的电力。

1.1 计算机是用电的

本课中

你将学习：

➔ 什么是处理器；

➔ 计算机是怎么使用电的。

螺旋回顾

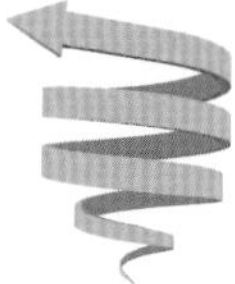

在第1册中，你学习了什么是计算机。在本单元中，你将学习计算机的内部结构。

什么是电？

设备是人们用来完成有用任务的工具。许多设备都需要用电。

电是一种能源。电线带来电。电流沿着电线流动。

但是电是危险的。如果你碰裸露的电线，你会受到严重的电击。电会伤害你。因此，对任何有电的东西都要非常小心。

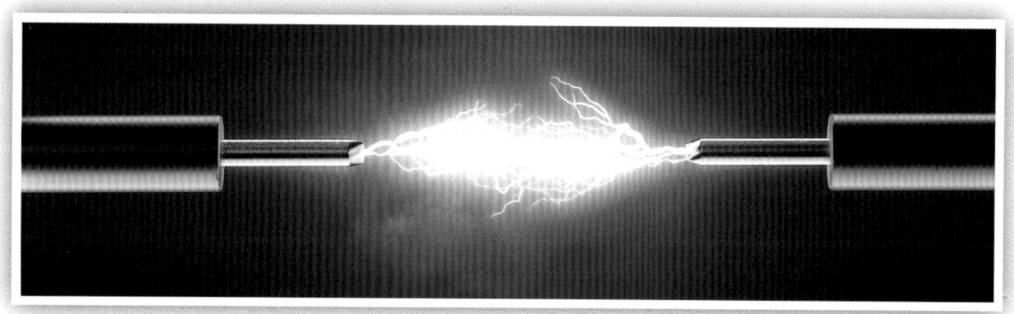

通电和断电

电源可以开，也可以关。想一想灯泡。当开关打开时，电流可以通过，灯就亮了。

关闭开关阻止电流通过，灯就熄灭了。

计算机内部

计算机内部有一个电子设备，它被称为**处理器**。处理器使用开/关电信号。处理器内部发生的一切都是由开/关电信号组成的。

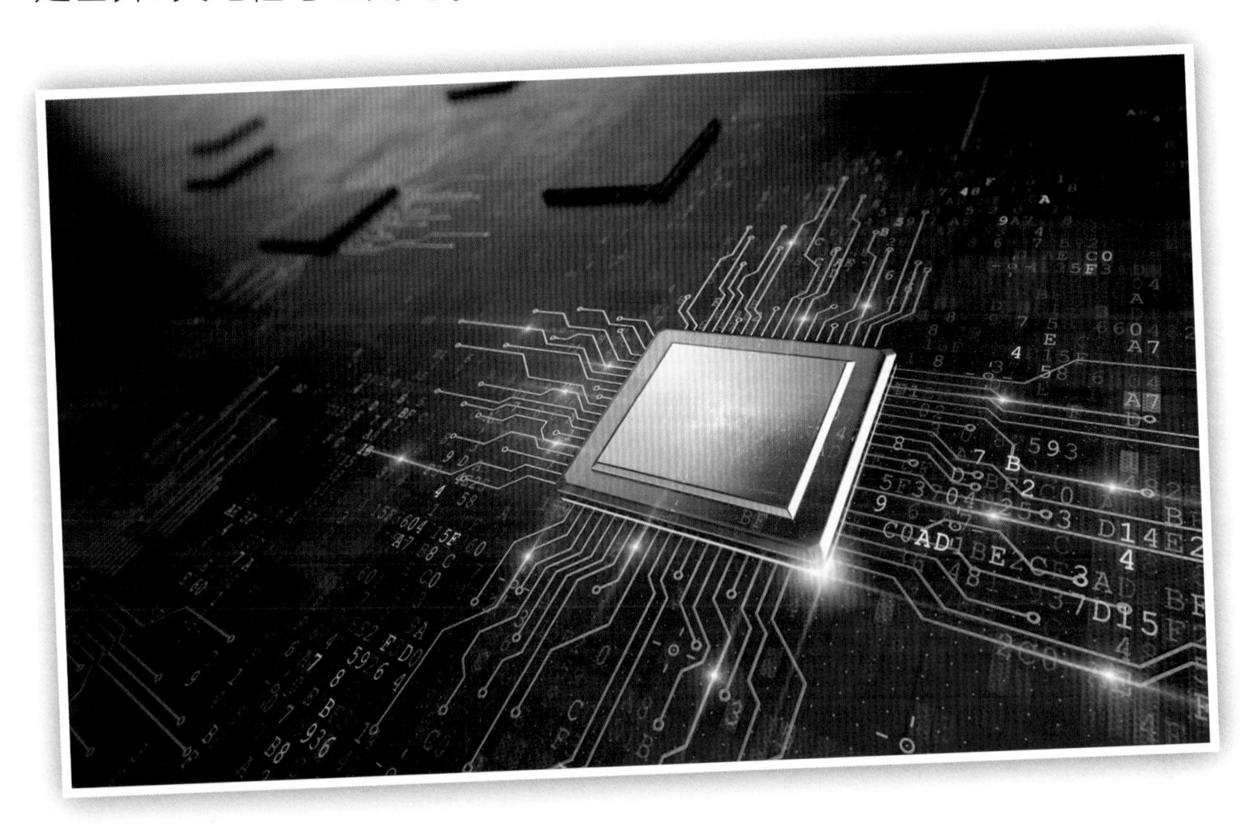

活动

和你的伙伴谈论一下你上次使用计算机的情景。你使用它做了什么？

额外挑战

画一台计算机。把给计算机通电的电线展示出来，并在你认为是处理器的地方画一个圆圈。

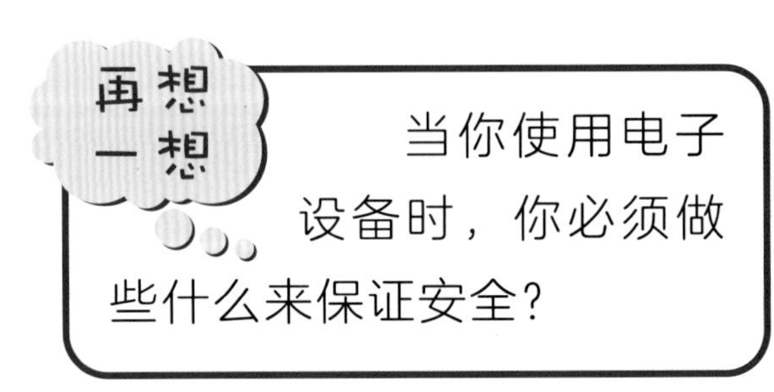

再想一想

当你使用电子设备时，你必须做些什么来保证安全？

1.2 输出

本课中

你将学习：

- 什么是输出；
- 哪些计算机部件用来输出。

计算机内部

计算机保存着大量的信息，例如数字和图片。计算机用电保存信息。但是你看不见电。电路非常小。在通电时打开计算机是有危险的。

输出设备

你无法看到计算机内部的电。

那么，你怎样才能了解计算机的内部情况呢?

你需要使用**输出设备**。

输出设备将处理器中的电信号提取出来，并将其转化为你能看到或使用的图像或信息。

你能看到的输出内容

计算机的**屏幕**或**显示器**是一种输出设备。它从处理器获取信息，并把这些信息转换成颜色和形状。

显示器产生视觉上的输出。这意味着你可以看到输出内容。

打印机也提供输出内容，输出在纸张上。你可以在计算机关机后保留输出内容。

其他类型的输出

还有一些其他类型的输出。

- **声音输出**：扬声器和耳机产生声音输出。
- **运动**：计算机能使机器运动。例如，机器可以清洁地板。

活动

什么设备是用来输出的？画出两种不同的输出设备，并写出它们的名称。

额外挑战

3D打印机可以制作实体。例如，3D打印机可以将塑料块黏在一起。看看你能不能找到更多的例子。

显示器产生视觉的输出。说出另外一种输出。

1.3 输入

本课中

你将学习:

➔ 哪些设备是用来输入的。

用户

使用计算机的人被称为**用户**。用户告诉计算机要做什么。

计算机内部构件都是由电支撑的。用户如何给计算机输入电信号呢?

输入设备

答案是使用**输入设备**。输入设备接收用户输入的内容，并把这些输入内容转换成计算机能理解的电信号。

键盘

键盘有键。单击一个键，键盘向计算机发送信号。它告诉计算机你选择了哪个键。

鼠标

鼠标在桌面上移动时，便向计算机发出信号。当它移动时会传递信号给计算机，可以看到指针在显示屏上四处移动。

鼠标有按钮。你可以单击按钮进行选择。

触摸屏

有些设备有**触摸屏**。触摸屏是用来输入和输出的。它在屏幕上显示你的选择。你可以触摸屏幕作出选择。

其他输入设备

还有其他类型的输入。例如：

- 麦克风把声音转换成电信号。
- 照相机把图片转换成电信号。

活动

哪些设备用于输入？画两个不同的设备，并写下其名称。

额外挑战

画一个有触摸屏的设备。在图片中显示自己在使用触摸屏。这个设备的名称是什么？

再想一想

你可以用什么设备向计算机输入一首歌曲？

1.4 把设备连接在一起

本课中

你将学习：

→ 各个设备是如何连接在一起的。

计算机的部件

构成计算机的不同设备称为**硬件**。

这些设备必须连接在一起。

- 输入设备向处理器发送信号。
- 输出设备从处理器获取信号。

有线和无线

信号可以通过电线传送。信号像电一样传递。

信号也可以不用电线传送。这叫作**无线**。

无线信号通过空气传播。它们可以作为无线电信号。对于人类来说，无线信号是安全的。

在同一个机箱里

有时不同的硬件设备放在同一个箱子里。连接线被藏在箱子内。

计算机网络

计算机可以连接在一起。连接可以是有线的，也可以是无线的。

计算机可以互相发送信号。这叫作**计算机网络**。

互联网是一个巨大的计算机网络。

活动

下面的图片展示了我们可以用计算机设备做的事情。

画一张你使用计算机的图片。标出设备名称和连接的位置。

额外挑战

你们学校有网络吗？去了解更多信息。

再想一想

说出一种设备，它在同一个机箱里既有输出设备，也有输入设备。

1.5 计算机如何提供帮助

本课中

你将学习：

→ 计算机可以帮我们处理哪些种类的任务。

计算机可以做什么？

哈伯女士是一位教师。她使用计算机帮她处理工作。

人们可以使用计算机处理什么工作？

- 那些同一个任务反反复复操作的工作，或者是需要十分谨慎小心的工作。
- 可以很快速地求解数学难题。
- 同时与很多人共享信息。

右图显示，制造汽车的过程使用了计算机技术。

活动

观察这幅图片。

在图中，计算机能做哪些工作？计算机能完成哪些操作？写下你的答案，像这样：

计算机可以算出食物一共多少钱。

额外挑战

你能想到计算机可以完成的其他日常操作吗？

探索更多

使用计算机是执行任务的最佳方式吗？与大人们聊聊，做哪些任务时，人类比计算机更厉害？

1.6 当计算机无能为力时

本课中

你将学习：

➔ 哪些任务是计算机不能轻易完成的。

哪些事情人类比计算机做得更好？

人类可以完成很多任务。

我可以把球踢给我的朋友

我可以让我的朋友们停止争吵

咱们轮着来

我可以沏茶

人类比计算机更擅长：

- 理解别人；
- 艺术与创意；
- 发明新的做事方法。

活动

这些女孩正在跳舞。他们不想让计算机来完成这项任务。她们喜欢自己跳舞。

想想人们喜欢做的任务。计算机能代替人们去完成这些任务吗？

额外挑战

在疗养院，老人们由和善的护士们照顾。计算机是如何帮助护士的呢？对于护士来说，哪些工作自己做比较好呢？

未来的数字化公民

人们已经发明了自动驾驶的车辆。这些车内部安装了计算机。也许在未来，没有人再开车了。思考一下这件事的利与弊。当你长大以后，你想学开车吗？

再想一想

给出一个我们可能不使用计算机去完成任务的理由。

测一测

你已经学习了：

➔ 计算机的主要部件是什么；

➔ 计算机的主要部件用来做什么；

➔ 计算机能做哪些事，不能做哪些事。

测试

❶ 画一个计算机系统——你可以复制上面的例子。

❷ 把这些标签贴在你画的图上。

- 键盘；
- 鼠标；
- 显示器；
- 打印机。

❸ 展示或说明哪些部分是**输入设备**。说出这些输入设备的用处。

❹ 展示或说明哪些部分是**输出设备**。说出这些输出设备的用处。

5 这是一台平板计算机。请解释如何把信息输入平板计算机中。

1. 画出或写出计算机能做的事情。

2. 画出或写出计算机不能做的事情。

3. 你能想象未来的一天，计算机可以做些什么吗？画出或写出你的想法。

自我评估

- 我回答了测试题1和测试题2；
- 我完成了活动1；
- 我回答了测试题1~测试题4；
- 我完成了活动1和活动2；
- 我回答了所有的测试题；
- 我完成了所有的活动。

重读本单元中你感到不确定的地方。再次尝试这些测试和活动，这次你能做得更多吗？

数字素养：秘密餐馆

你将学习：

- 如何找到有用的文字和图像；
- 如何下载有用的文字和图像；
- 阐释如何能让每个人在计算机机房保持安全和愉悦；
- 关于个人信息、私人信息和计算机的知识。

互联网让我们可以浏览网站。世界上所有网站的集合叫作万维网。

使用互联网帮助你为一个虚拟的秘密餐馆寻找不同类型的美味佳肴。

学习成果：下载有用的文字或图片；安全地使用计算机帮助学习；保护个人隐私。

课堂活动

玩“窃窃私语”游戏。在一个同学的耳边低声说一个短句。然后这位同学把他所听到的内容同样低声传递给另一位同学。最后一个人大声说出这句话。

最后一个人说出的句子跟开始时一样吗？

浏览器
搜索引擎　网站
下载　安全
个人信息
隐私信息
互联网

上网获取信息就像玩这个游戏一样，有些信息是真实的，有些是不真实的，甚至是错误的。

谈一谈

你还记得如何安全上网吗？如果你发现一个让你感到难过和焦虑的网站，你会怎么办呢？

你知道吗？

世界上超过一半的人在使用互联网。

2.1 互联网

本课中

你将学习：

➔ 去寻找有关食物的信息。

螺旋回顾

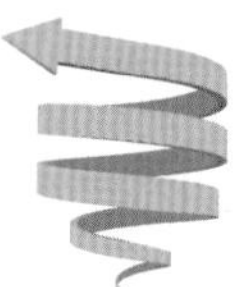

在第1册中，你学习了上网查找信息。现在你将使用这些技巧来搜索关于食物的知识。

互联网

全世界的计算机都可以联网的。所有这些联网的计算机被称为**互联网**或万维网。

你使用**浏览器**在网上查找信息。

你可以在计算机、智能手机或平板计算机上使用浏览器。

你可以使用浏览器来浏览**网站**。网站由一组网页组成。

你可以使用**搜索引擎**查找网站。

如何使用搜索引擎

双击计算机上的浏览器图标就可以打开浏览器。

你的老师将会帮助你。

在浏览器地址栏中输入https://www.kiddle.co/。在搜索栏中输入restaurant①，搜索引擎将显示一些餐馆清单。它们的名称加了下画线，这些名称就是链接。

在这里输入restaurant

① **译者注**：restaurant意为餐馆、餐厅。

单击餐馆名称将打开新网页。

每次单击一个链接，一个新的页面就会打开。

浏览器顶部有一个后退箭头，单击就可以回到刚刚的页面。

活动

打开一个搜索引擎。

搜索你最喜欢的餐馆类型。

这种类型的餐馆提供什么种类的食物？

- 它提供美味的沙拉吗？
- 你能买到甜食和蛋糕吗？
- 你能买到热汤吗？

你将会查到什么类型的虚拟秘密餐馆呢？

额外挑战

这个餐馆网页中可能会有很多个链接。你怎么找到它们呢？

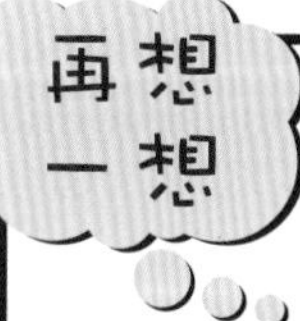

就你找到的网站，跟你的同学说一件你喜欢的事。

跟你的同学说一件可以改进网站的事。

2.2 智能搜索

本课中

你将学习：

- 事实和观点的知识；
- 怎样使用搜索引擎。

事实还是观点？

说一句关于你的事实。你可以说：“我七岁了。”

说一句你自我认同的话，这是你的观点。你可以说：“我擅长跑步。”

在网上，有时你会发现事实，有时你会发现观点。

选择网站

怎样在一个大图书馆里找到一本书？

互联网就像一个图书馆，里面有的是网站而不是书。搜索引擎发送一种名为“蜘蛛”的软件机器人访问网站。

“蜘蛛”列出单词表。在搜索引擎中输入一个关键字时，就是在搜索一个大的列表。

这些是你可以使用的搜索引擎：

在文本框中输入一个单词或短语。

活动

你认为哪些词汇最适合用来为你的秘密餐馆寻找食物？

试着用你自己的搜索词汇来找到你喜欢的食物。

再想一想

如果你不确定某个链接是否安全，你可以怎么做？

额外挑战

访问一个餐馆的网页。在这个网页中找到一个**事实**的例子和一个**观点**的例子。

2.3 下载图像

本课中

你将学习：

➔ 怎样从互联网上下载文字和图像。

怎样下载图像

网上有很多有趣的图像，这些图像使秘密餐馆的菜单看起来更棒。你可以将这些图像从互联网上保存到计算机，这个操作叫作**下载**图像。

现在给你的图像起一个文件名，并保存。

注意

窃取东西是不对的。你不能在网上窃取别人的文字或图片。

你可以搜索允许下载的图像。你可以下载的这些图像都是免费的。

在搜索中使用free（免费）这个词。

这一行以上的链接都是广告。它们是没用的。

Free Stockphotos - Search Stock Images
Ad search.yahoo.com/StockImages ▾
Find The Best Stock Image Providers With Yahoo Search! Yahoo Results. Trusted Source. Types: High Resolution, Exclusive, Royalty Free.
→ Visit Website

137 Beautiful Cake Pictures · Pexels · Free Stock Photos
https://www.pexels.com/search/cake/

Check out our gallery of 137 cake pictures and find what you need. All images are licensed under the CC0 license and can be downloaded and used for free!

这一行以下的链接可能是有用的。

活动

从网上找到并保存三张免费的美食照片。

再想一想

为什么未经他人允许使用他人的图像是不对的？

探索更多

把你最喜欢的食物图片拼贴起来。在网上找到食物的图片并打印出来。你也可以在杂志或报纸上找到食物的图片。把画剪下来，贴在一张纸上。

2.4 选择网站

本课中

你将学习：

➔ 在两个网站中如何选择。

三个问题

这是萨玛。萨玛正在看关于食物的网站。

萨玛找到了一个看起来有用的网站。

但是萨玛不知道网上的信息哪些是正确的或有用的。

萨玛问了自己三个问题。

1. 我能理解它吗？
2. 它是有用的吗？
3. 我能信任它吗？

萨玛看这个网站。

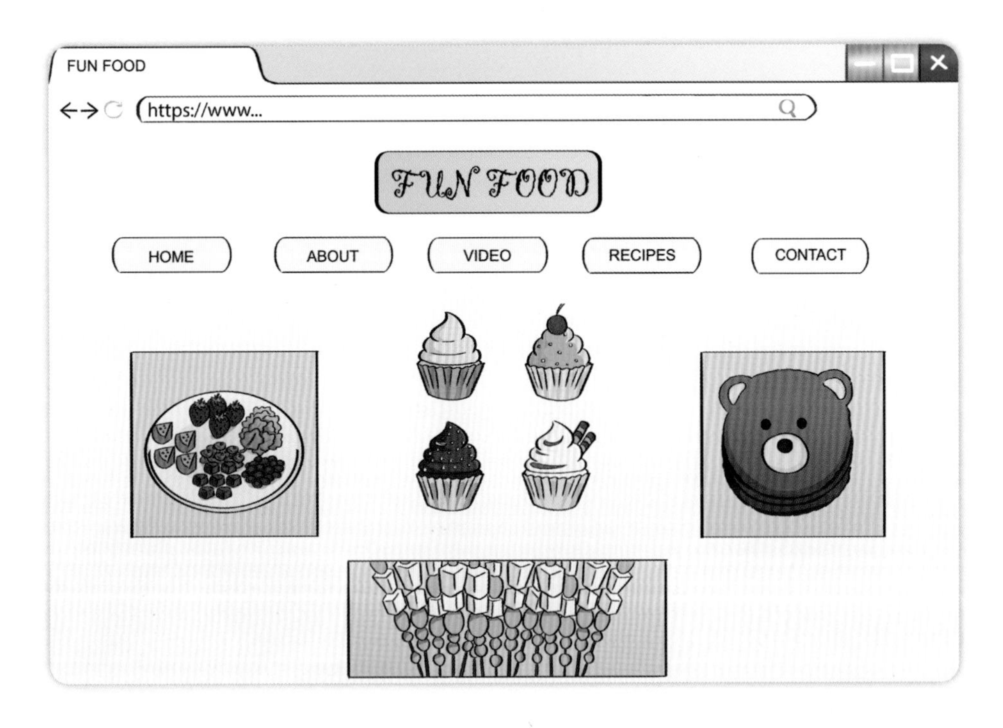

萨玛能理解这个网站吗？萨玛发现一些词汇很难理解。

这个网站有用吗？这些图像很精美，萨玛知道自己可以下载它们。

萨玛可以信任这个网站吗？这个网站分享了一些来自澳大利亚和英国的专家的意见。萨玛认为她可以信任这些信息。

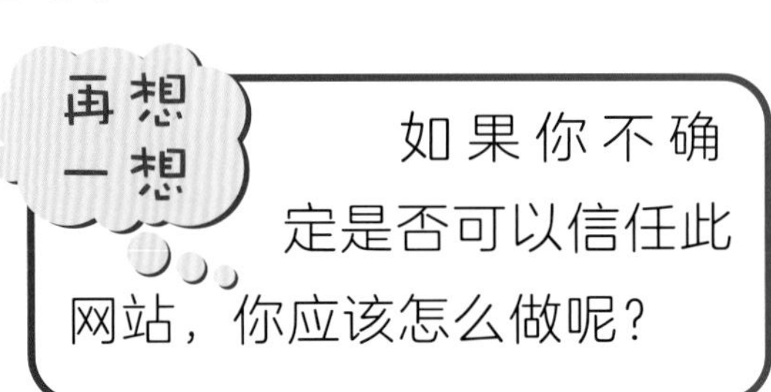

如果你不确定是否可以信任此网站，你应该怎么做呢？

搜索一个关于儿童健康食物的网站。针对这个网站，问自己三个问题：

（1）我能理解它吗？

（2）它是有用的吗？

（3）我能信任它吗？

额外挑战

作为一个课堂活动，列出一个容易理解的、有用的且值得信任的食品网站清单。

2.5 确保安全

本课中

你将学习：

➔ 解释如何让每个人在使用信息技术时保持安全和愉悦。

你自己和别人

当你使用计算机工作时必须小心。

- 确保自己的安全。
- 确保其他人的安全。
- 不要弄坏东西。

在教室里做出一些选择

电是危险的。

计算机使用电。

不要接触电线。

不要拥挤和推搡。

有人可能会受伤。

让所有人都轮流共享。

食物和饮品不允许出现在计算机机房。

要礼貌，要友善。

这些学生合作得非常好。让我们的教室变成一个安全且愉快的地方。

在互联网上做出选择

在本单元中，你使用了互联网。

在互联网上你可以看到网页。你可以输入内容给别人看。

- 像你在课堂上那样，礼貌而和蔼地与他人交谈。不要输入令人生气的话语。
- 邀请一个和善的成年人观看你如何使用互联网。问他们任何你不明白的事情。
- 不要共享个人信息。你将在下一节课中了解更多有关信息。

活动

编一个短剧来表示如何在网络中和善礼貌地与朋友交谈。

额外挑战

有时候你可能在网上花费了太多的时间。你能想出什么方法来帮助自己记住要去做其他事吗？

探索更多

和成年人谈谈在家里使用计算机时如何保持安全和愉悦。

2.6 个人信息

本课中

你将学习：

→ 关于个人信息、隐私信息和计算机的知识。

在你的秘密餐馆里，你需要保留一份你最喜欢的顾客名单。你可以在特殊的日子款待他们！但是关于你的客户，他们的哪些信息是需要保障安全的呢？

什么是个人信息和隐私信息？

个人信息告诉其他人你是谁，以及他们可以在哪里找到你。以下是一些个人信息示例：

隐私信息是关于你的秘密信息。你绝对不能在网上分享私人信息。下面是一些私人信息的例子。

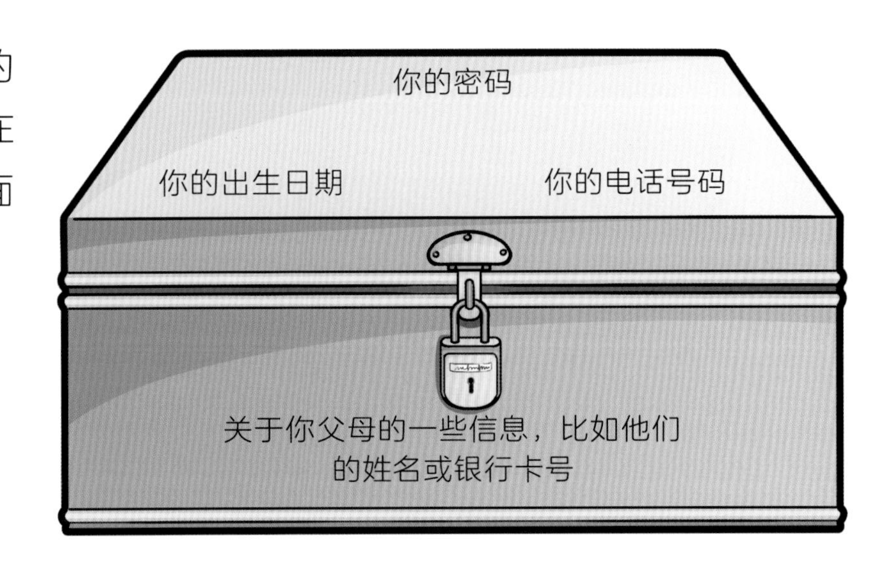

再想一想

举一个例子说说你不会在互联网上分享的个人信息。

活动

看这些图片：

哪些你会给你的家人？

哪些你会给你的朋友？

哪些你会给现实生活中的任何人？

哪些你会给互联网上的任何人？

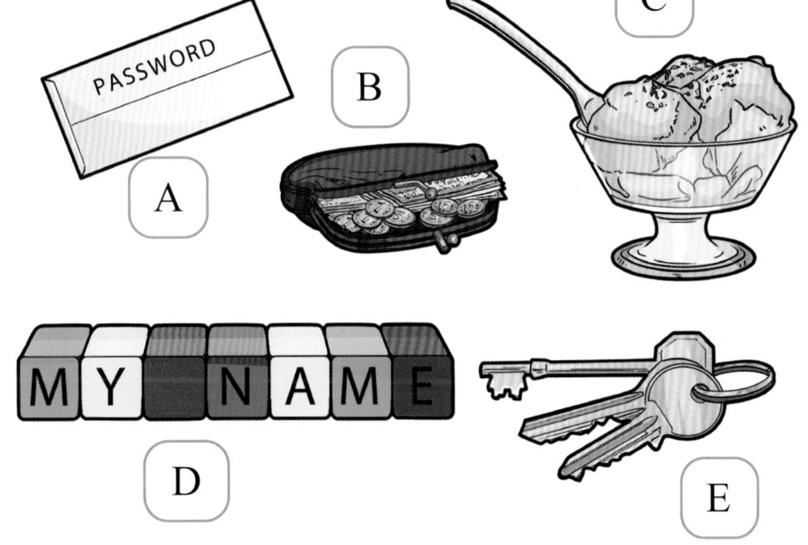

额外挑战

为你的秘密餐馆规划或画出一个网页。

测一测

你已经学习了：

- 怎样找到有用的文字和图像；
- 怎样下载有用的文字和图像；
- 解释如何让所有人在计算机机房保持安全和愉悦；
- 关于个人信息、私人信息和计算机的知识。

测试

你的名字是个人信息。

1. 你会在网上分享个人信息吗？
2. 举出另外一个个人信息的例子。
3. 如果有人问你的个人信息，你会怎么做？
4. 通过书写或画画来展示你在教室使用计算机时是如何保持安全的。

活动

1. 安全地搜索一些有关你喜欢的食物类型的信息，找出：

- 主要成分是什么?
- 是健康食品吗?
- 世界上哪里的人吃这些食物?

2. 从网站下载一张图片。找到你能找到的最好的图片。

自我评估

- 我回答了测试题1。
- 我开始活动1并查看网页。
- 我工作认真，注意安全。
- 我回答了测试题1~测试题3。
- 我完成了活动1。
- 我使用计算机帮助学习。
- 我回答了所有的测试题。
- 我完成了活动1和活动2。

重读本单元中你不确定的部分。再次尝试测试和活动，这次你能做得更多吗?

计算思维：制订规划

你将学习：

- 怎样编写程序；
- 算法是什么；
- 当你运行程序时会发生什么。

在本单元中，你将学习制订和使用规划。规划中列出了你必须采取的解决问题的步骤。好的规划可以帮助你实现目标。

课堂活动

一项任务计划的另一个名称是算法。

- 你最喜欢的食物是什么？你知道怎么做那种食物吗？按正确的顺序写下动作。
- 你最喜欢的计算机游戏是什么？写下游戏中发生的事情。按正确的顺序操作。

这些都是算法的例子。把一个算法做成教室墙上的海报。

学习成果：说出什么是算法以及运行程序意味着什么。

谈一谈

分享你的食谱和游戏规划，一起把规划做得更好。你能添加更多的动作吗？你能添加图片吗？

算法
依赖于
运行程序
命令

你知道吗？

在抖音、小红书等互联网网站上，你可以观看人们烹饪他们喜爱的食物的视频。

3.1 采取什么行动

本课中

你将学习：

➔ 通过选择必要的行动步骤制订规划。

螺旋回顾

在第1册中，你用了一个由积木块组成的程序。每个积木块代表一个动作。现在，你将学习如何按正确的顺序安排这些动作。

驴帽的故事

从前有一位老太太，她有点不开心。

她给驴子做了一顶帽子。

老太太不再难过了。

她的孙子看见了驴子的帽子。孙子问她："你是怎么做的？"

活动

下面是老太太那天做的一些动作:

- 把土豆去皮
- 把花缝在帽子上
- 找一顶草帽
- 采一些花
- 喝一杯水
- 整理房间
- 把帽子戴在驴子的耳朵上
- 在帽子上打洞

做帽子必需哪些动作?

“必需”意味着必须采取的行动。

“整理房间”对做帽子来说不是必需的。

再想一想

把老太太做的事情写下来。只写做帽子必需的事情。

额外挑战

用你自己的语言写下驴帽的故事。画一幅与故事相吻合的图画。

3.2 正确的顺序

本课中

你将学习：

➔ 如何按正确的顺序安排动作来制订规划。

在上一课中，你选择了必需的动作来制作驴帽。以下是一些必需的行动。

在帽子上打洞

把花缝在帽子上

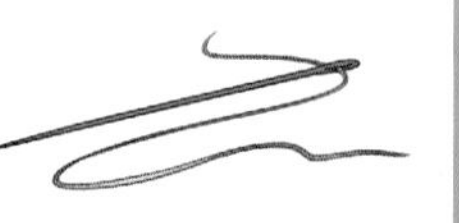

把帽子戴在驴子的耳朵上

采一些花

找一顶草帽

现在你要按正确的顺序操作。

驴的帽子要戴在驴的耳朵上。首先你得在帽子上打洞，使得驴的耳朵能够穿过洞。

给驴戴帽子的这个动作，取决于帽子上的洞是不是和驴耳朵相匹配。

一个操作需要使用另一个操作的结果，这就是“取决于”的意思。

因此我们可以说

在帽子上打洞

必须在下面动作之前出现

把帽子戴在驴子的耳朵上

正确的顺序被称为**动作序列**。

活动

这里有两组活动：

把花缝在帽子上

采一些花

哪一个动作先出现呢？说说你是如何知道的。

再想一想

阅读在这一页的所有操作。用正确的顺序写下这些操作步骤。

额外挑战

有时候两个动作是**相互独立**的。这意味着它们之间互不影响。哪一个动作先出现是无所谓的。在这个故事中，哪两个动作是相互独立的呢？说说你是如何知道的。

3.3 算法就是规划

本课中

你将学习：

➔ 什么是算法。

告诉你如何完成任务的规划叫作**算法**。

算法必须包含所有操作，且操作的顺序必须正确。

你可以设计一个算法。把操作放在方框里。用箭头连接方框，以显示正确的顺序。

下面是制作驴帽的算法。

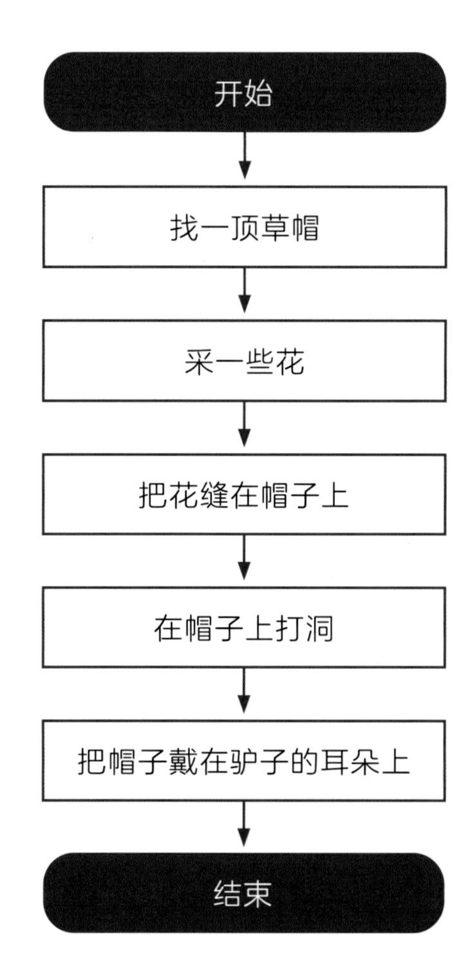

活动

哥哥给他的妹妹做了一匹玩具马。以下是一些操作。

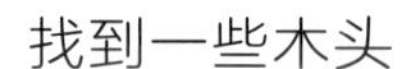

把木头雕刻成马的形状

让颜料晾干

给马刷上颜料

买一些颜料

写下正确的操作顺序。

额外挑战

设计制作玩具马的算法。把操作写在用箭头连接的方框中。在一张大纸上画一幅五颜六色的画。

“算法”是什么意思？用你自己的语言写下或说出答案。

3.4 算法和程序

本课中

你将学习：

➔ 怎样设计算法来帮助你规划程序。

程序

程序是一系列命令。这些命令告诉计算机该做什么操作。**运行程序**时，计算机执行程序中的所有命令。

程序员是编写计算机程序的人。

程序员有时在编写程序之前先设计一个算法。算法是程序的设计方案。

角色

你可以用一种编程语言来编写一个程序。Scratch就是一种编程语言。

- Scratch程序控制**角色**。角色是屏幕上的物体。这个程序让它做不同的事情。
- Scratch程序也称为**脚本**。脚本是一个简短的程序。

活动

程序员想编一个程序。角色是一只企鹅。下面是企鹅将要做的事情的清单。

说再见

离开屏幕

说“你好”和你的名字

问你的名字

出现在屏幕上

按正确的顺序进行这些操作。

再想一想

编写一个算法，在用箭头连接的方框中显示程序的操作。

额外挑战

想想企鹅能做的一个额外动作。制订一个包含额外操作的规划。

创造力

规划一个新的计算机程序：

- 画角色。
- 说出角色会做什么。

3.5 规划蛙跳游戏

本课中

你将学习：

➔ 如何规划一个叫作“蛙跳游戏”的程序。

程序操作

一个学生决定做一个计算机游戏。

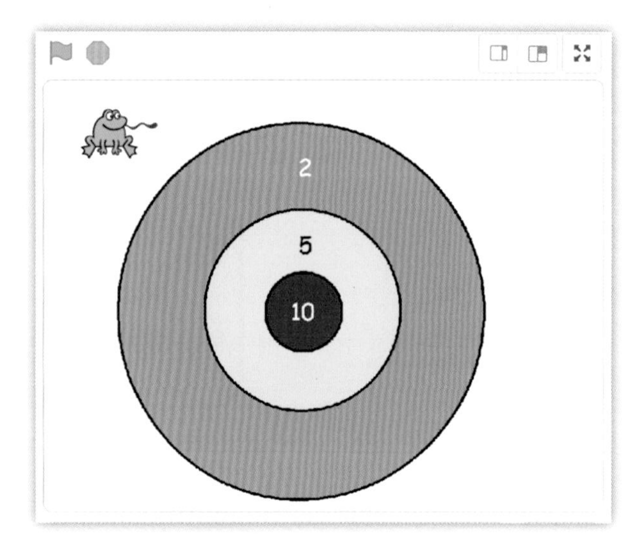

首先他写下了游戏将会做什么。

角色是一只青蛙。背景是靶标纸。当单击青蛙时，它会跳到目标上的一个新位置。你的分数取决于青蛙跳到哪里。

以下是程序的操作：

青蛙跳到靶标纸上的一个地方

用户单击青蛙

青蛙说你得了多少分

算出你一共得了多少分

活动

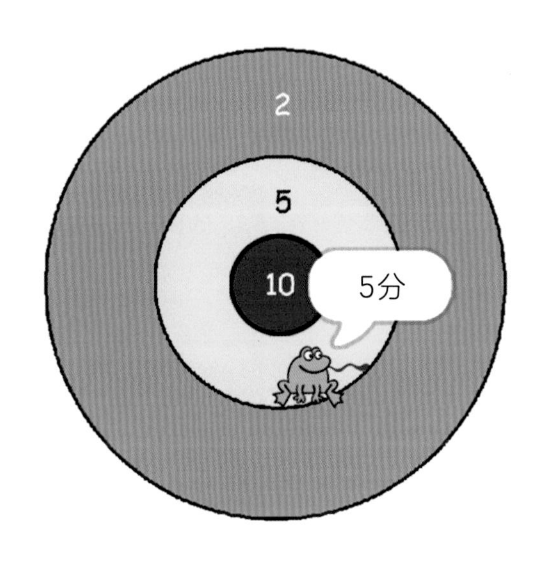

再想一想

下面有两个来自“蛙跳游戏”的操作。

说出有多少分数

计算一共多少分

一个操作必须出现在另一个之前。哪一个操作先出现？为你的答案给出理由。

用正确的顺序安排好这些操作。

额外挑战

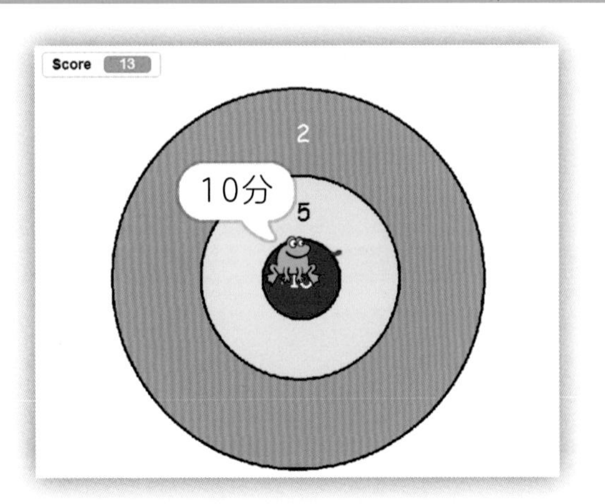

学生要根据下面要求改变程序。

- 从总分为0开始。
- 当你得到分数时，加到你的总分中。
- 看比赛结束时的总分。

制作一个包含这些新操作的算法。

3.6 运行程序

本课中

你将学习：

➔ 怎样运行程序。

加载程序

有一个现成的程序供你**运行**。“运行程序”是指计算机执行程序中的命令。

首先必须**加载**程序。加载意味着从存储器中获取程序。“企鹅伙伴”程序存储在计算机中。

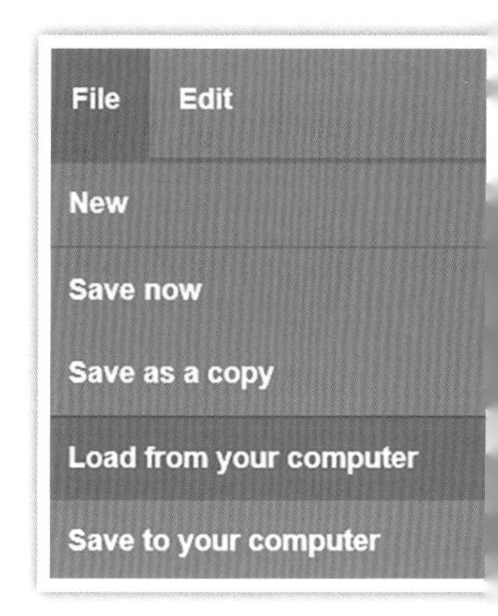

打开File（文件）菜单。单击Load from your computer（从计算机加载）。选择名为Penguin Pal（企鹅伙伴）的程序。

Scratch屏幕

Scratch屏幕如下。

你能看到**脚本区域**吗？脚本区域显示程序。

你能看到**舞台**吗？舞台是角色移动的地方。

运行程序

每个程序脚本都以一个Event（**事件**）积木块开始。此程序以显示绿色旗帜的积木块开始。单击绿色旗帜，将启动程序。

活动

加载并运行企鹅程序。

额外挑战

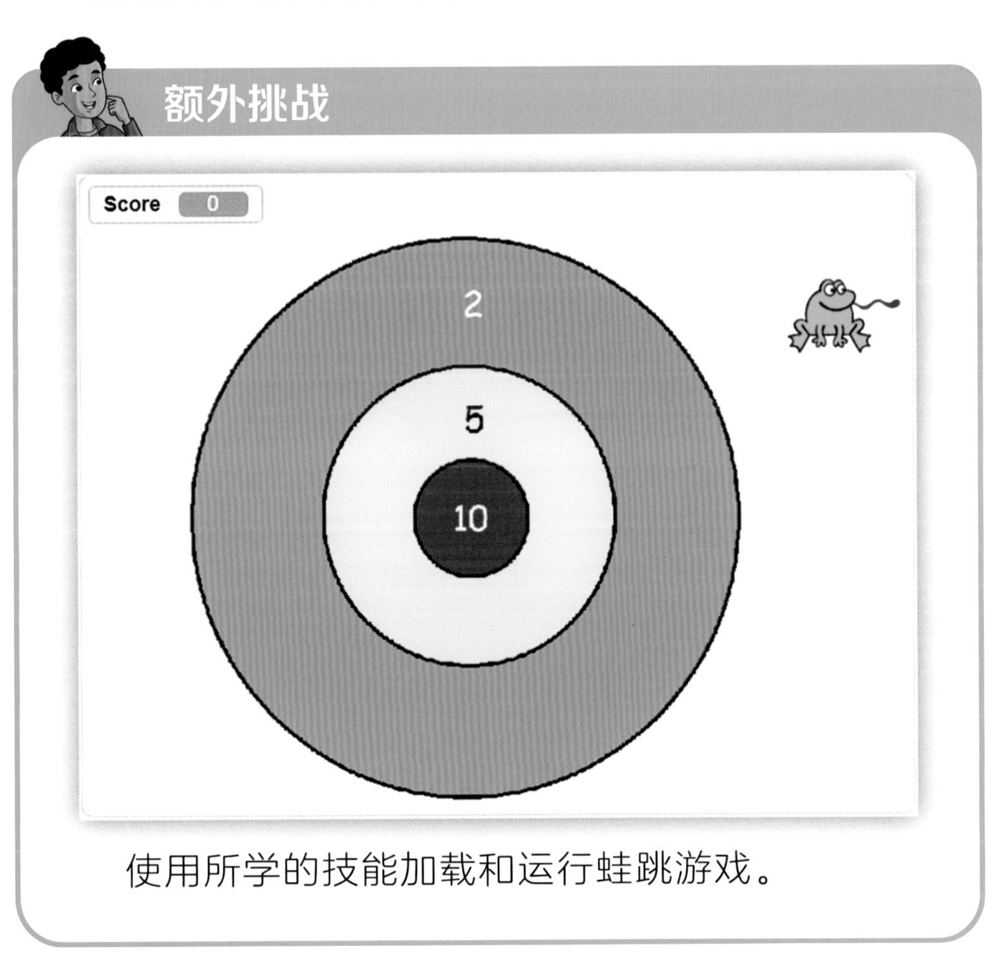

使用所学的技能加载和运行蛙跳游戏。

探索更多

告诉你的家人蛙跳游戏。如果你有机会在学校和你的朋友一起玩游戏，问问他们每个人最喜欢什么游戏，问他们还有什么更好玩的游戏。记下他们的答案。

测一测

你已经学习了：

➔ 怎样规划程序；

➔ 算法是什么；

➔ 当运行程序时会发生什么。

这是一个测验项目的行动计划。它们没有按顺序排列。

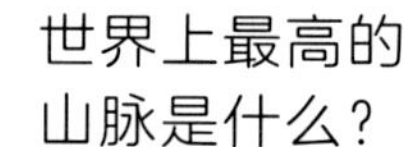

告诉你答案是否正确

显示你得了多少分

问一个问题

给你一个正确的答案

得到问题的答案

把这些行动用正确的顺序来制作一个算法。

测试

程序员编写了一个程序。以下是她做的三件事。

规划程序
编写程序
运行程序

1. 把这三个动作写在你的本子里。
2. 勾选表示执行命令的动作。
3. 在表示生成算法的动作旁边放一个星号。
4. 把这些句子中缺少的单词填好。使用方框中的单词。

操作　　算法　　顺序　　程序

__________是设计__________的规划。

它列出了所有__________的正确__________。

自我评估

- 我回答了测试题1和测试题2。
- 我回答了测试题1~测试题3。
- 我做了一些活动。
- 我回答了所有的测试题。
- 我做了所有的活动。

重读本单元中你不确定的部分。再次尝试这些测试和活动，这次你能做得更多吗？

编程：蛙跳游戏

你将学习：

- ➔ 如何由指令构成程序；
- ➔ 怎样选择指令去完成你想要的程序；
- ➔ 怎样编写工作程序；
- ➔ 怎样对程序进行修改和修正。

中文界面图

在这个单元，你将编写一个计算机程序。你将使用Scratch做一个新的计算机游戏，这个游戏叫作Frog Hop Game（蛙跳游戏）。

课堂活动

下面是一张Scratch屏幕的图片：

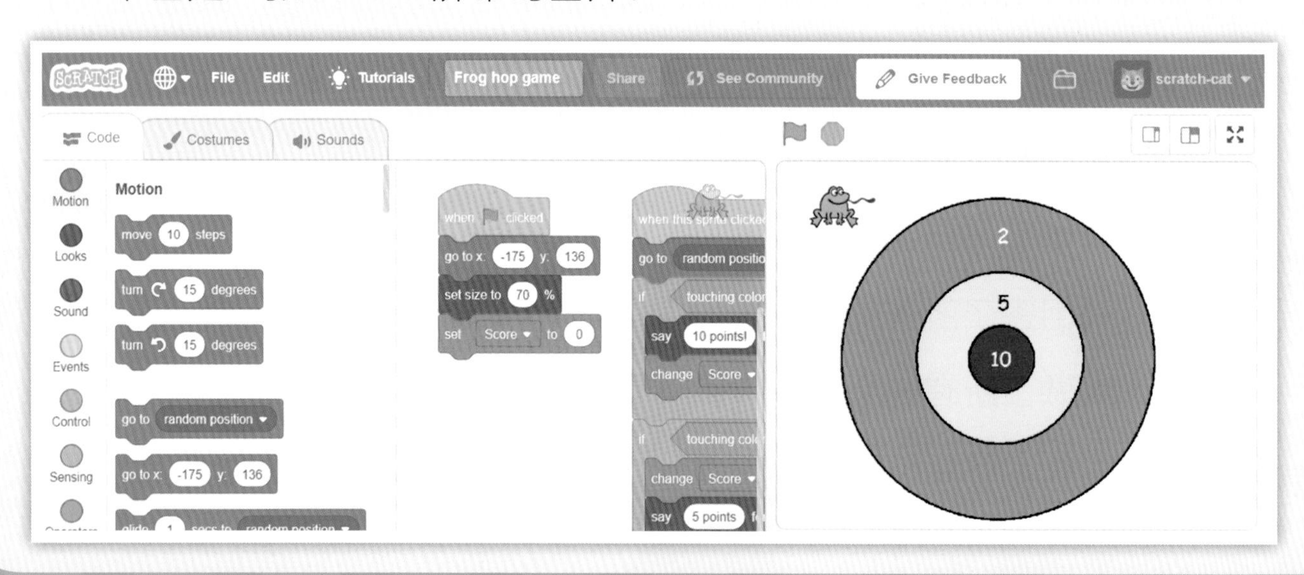

学习成果：通过阅读程序指令来说出它是如何工作的。创建一个简单的程序，消除其中的错误使它能够运行。

屏幕的不同部分分别是：

- 代码积木块：这些积木块被存储在这里以备使用。
- 脚本区域：在这里你可以创建程序。
- 舞台：这里是角色移动的区域。
- 菜单栏：你可以在这里选择指令。

指向屏幕的不同部分。

画Scratch屏幕，并写下屏幕不同部分的名字。

谈一谈

在这个单元，你将保存你的作品。你必须选择一个文件名。什么是一个好的文件名呢？和你的一个同学讨论，然后与其他同学分享你的看法。

用户　事件
指令　永久循环
随意定位

你知道吗？

Scratch被超过150个不同国家的儿童使用。Scratch支持不同的语言。你可以用超过40种不同的语言去创建一个Scratch程序。

4.1 选择一个角色

本课中

你将学习：

➔ 如何在你的程序中选择角色。

中文界面图

螺旋回顾

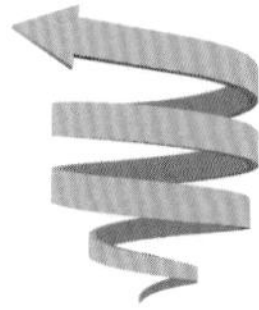

第1册中，你使用一个简单的程序，它能控制一个角色。现在你将学习如何编写程序来控制一个角色。

在第3单元中你玩过了蛙跳游戏。在本单元中，你将制作一个简单的游戏版本。你可以选择任何你喜欢的角色，不一定是青蛙。

你将制作一个Scratch程序，从打开Scratch网站开始。

选择一个角色

看屏幕的右下角。屏幕的这一部分显示角色。

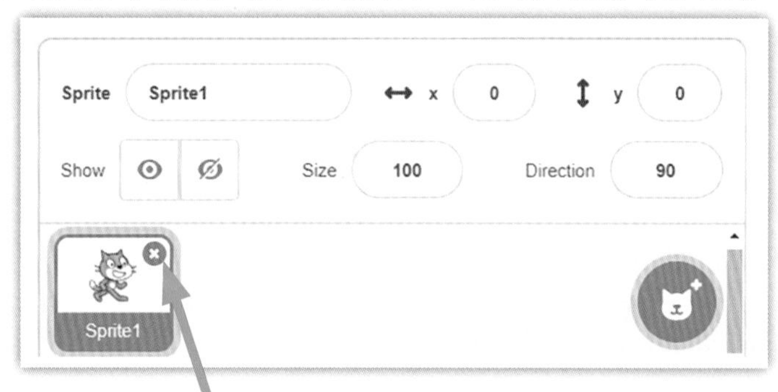

角色1是一只猫。通过单击叉号删除这个角色。

你将选择一个新的角色。

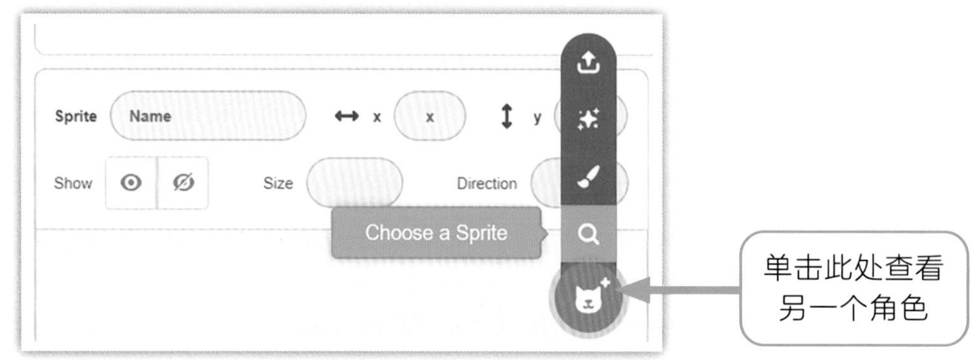

单击此处查看另一个角色

你将会看到一些角色图片。

单击你选择的一个角色。

保存程序文件

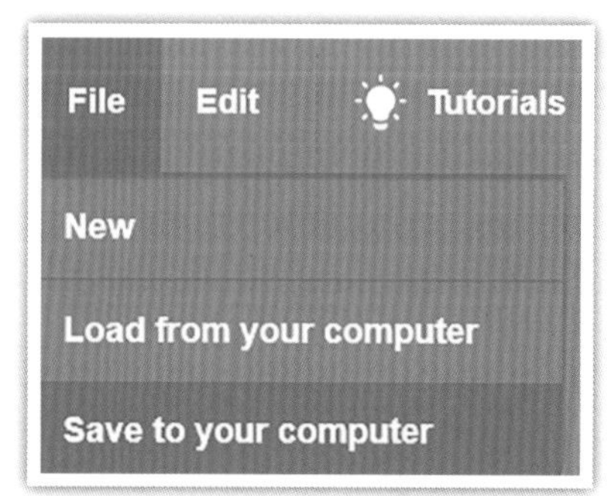

现在你必须保存你的作品。你要把它保存在你的计算机上。打开File（文件）菜单并选择Save to your computer（保存到你的计算机），然后输入文件名。

活动

利用所学技能完成下列操作：

- 挑一个角色；
- 保存文件。

再想一想

画出你选择的角色。想象一个计算机游戏，里面有你的角色。写下你的想法。

额外挑战

为你的程序添加背景。

4.2 指挥你的角色

本课中

中文界面图

你将学习：

➔ 如何给你的程序添加指令。

加载程序文件

上一课你已经把作品保存为文件。现在你将加载文件。加载意味着从存储器中获取文件。

打开File（文件）菜单。单击Load from your computer（从计算机加载）选择上次创建的文件。

彩色大圆点和积木块

你将制作一个Scratch程序。程序是由**命令**组成的。命令告诉计算机该做什么。

Scratch命令是积木块。你把积木块拼在一起，这就是程序。

不同类型的积木块有不同的颜色。

- Motion（运动）积木块是蓝色的。
- Sound（声音）积木块是粉红色的。

寻找屏幕左侧的彩色大圆点。选择一种颜色来帮助你挑选你需要的积木块。

行动

选择一个积木块。它会让你的角色动起来。

单击蓝点。你将看到Motion（运动）积木块。

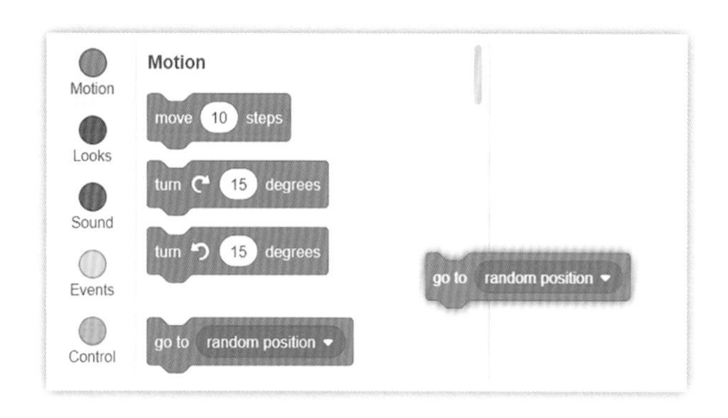

找到写着go to random position（移到随机位置）的积木块。

将此积木块拖到屏幕中间。

单击这个积木块，角色会移动。

声音

选择一个积木块，它会发出声音。单击粉色大圆点,你将看到Sound（声音）积木块。选择play sound（播放声音）积木块。

现在你有两个积木块了，把这两个积木块拼装在一起。

单击两个积木块，会发生什么？

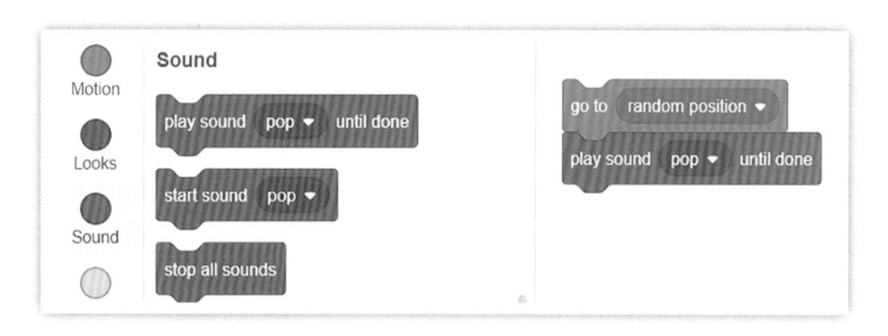

制作一个由两个积木块构成的程序，展示在一页纸上。

额外挑战

添加另一个积木块到这个程序中。看看在运行程序的时候会发生什么。

说说你使用的积木块。说说每个积木块都是用来做什么的。

4.3 启动键

本课中

你将学习：

中文界面图

➔ 选择一个事件来启动一个程序。

事件

事件意味着发生的事情。在Scratch中，“事件”是**用户**所做的事情。用户是使用程序的人。现在你将选择允许用户启动程序的事件。

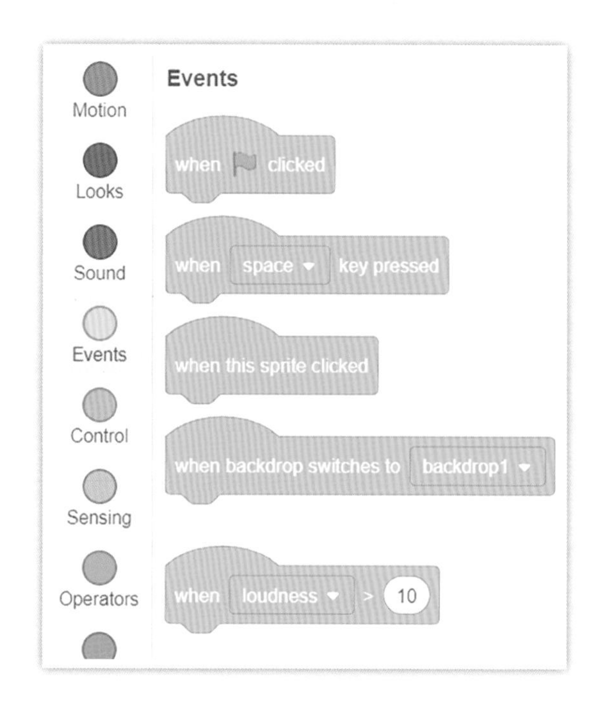

单击表示Events（事件）的大黄点。

你能看到什么Events积木块？

每个积木块都是什么意义？

选择事件

要选择事件，请将积木块拖到程序区域。

找到when this sprite clicked（当角色被单击）积木块。

将程序积木块安装到Events积木块上。现在事件将启动程序。

改变颜色

现在你要让角色改变颜色。单击名为Looks（外观）的紫色大圆点。这些命令积木块将改变角色的外观。

找到显示change color effect by（将颜色特效增加）的积木块。将此积木块拖到脚本区域，并将其添加到程序中。

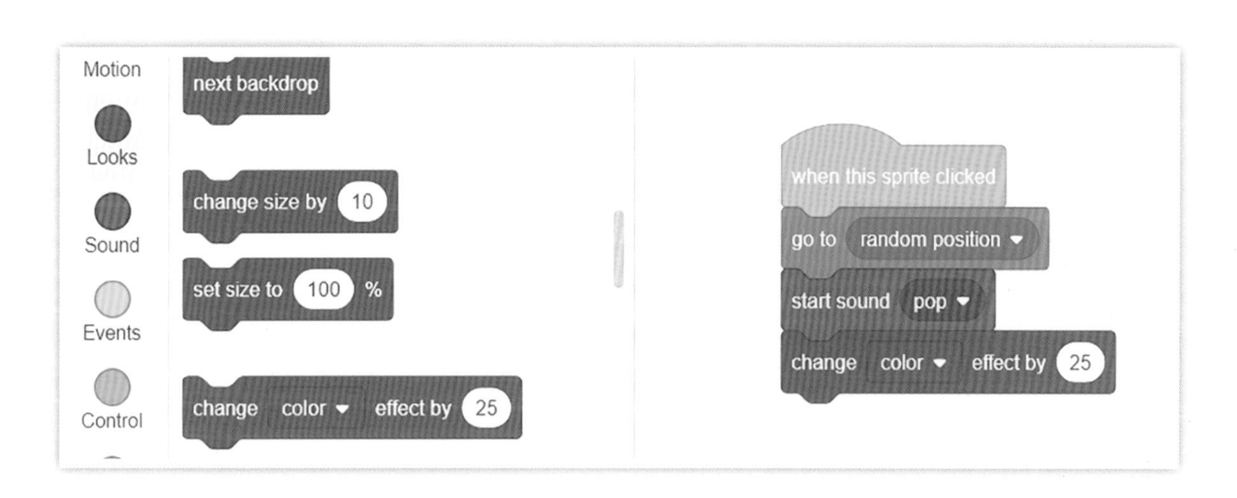

活动

修改你的程序。

- 添加when this sprite clicked事件积木块。
- 添加改变角色颜色的Looks积木块。

单击角色使其移动。

保存文件。

额外挑战

选择一个不同的开始事件。改变一个程序，使之成为一个新的事件。

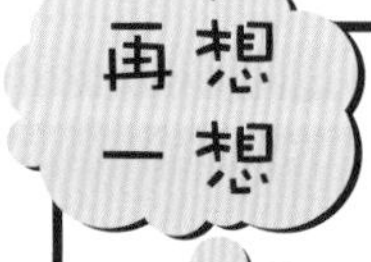

画出你所使用的事件积木块，说出它是做什么的。如果你使用了不止一个积木块，把它们都画出来。

4.4 永久循环

本课中

中文界面图

你将学习：

➔ 如何修改程序使角色可以不停地移动。

上节课你写了一个程序。当单击角色时，程序启动。角色移动到了一个新地方。角色发出声音。这些事情只发生了一次。

现在你将制作一个新程序。在这个程序中，角色会一次又一次地移动。动作将一直重复。

新程序

打开File菜单。单击New（新建）创建新程序。

控制积木块

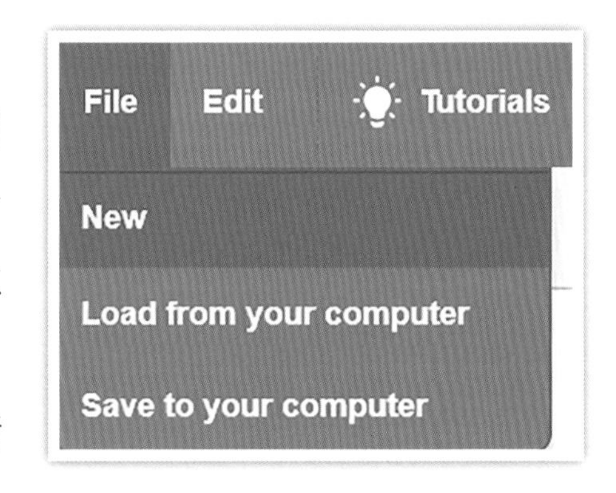

单击橙色按钮。你将看到橙色的Control（控制）积木块。找到写着Forever loop（重复执行）的积木块。此积木块称为**永久循环**。把它拖到屏幕中间。

永久循环是控制程序的一种方法。永久循环中的命令将一直重复。

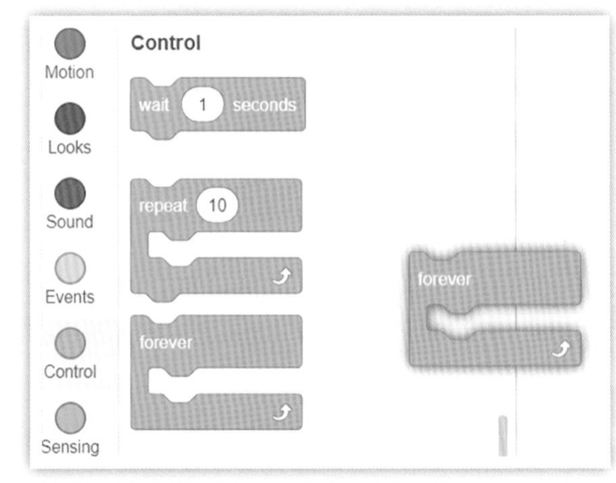

添加命令

下面是要重复的命令：

- 发出“砰”的声音。
- 移动到一个随机的位置。

把这些积木块放在永久循环结构中。它们是你在上一个程序中使用的同一个积木块。

等待

在永久循环结构中再添加一个积木块。你会发现它包含在橙色的控制块中。要添加的积木块上面写着wait 1 seconds（等待1秒）。这个积木块将使角色在每次跳跃后等待1秒。

完成的程序如右图所示。

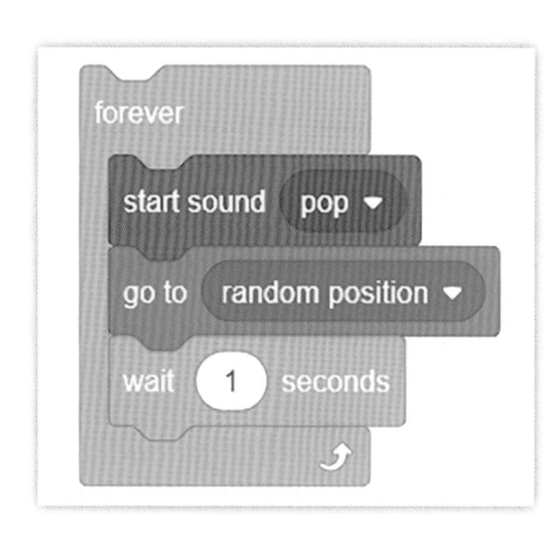

活动

新建一个程序。选择一个角色和一个背景，使得程序展示在这页之上。运行程序，看看发生了什么。

说说当你把积木块放进永久循环结构中会发生什么。

额外挑战

下面是一个使用永久循环的新程序。

- 制作这个程序。
- 添加一个启动事件到这个程序中。
- 改变这个程序中的数字，然后看看会发生什么。

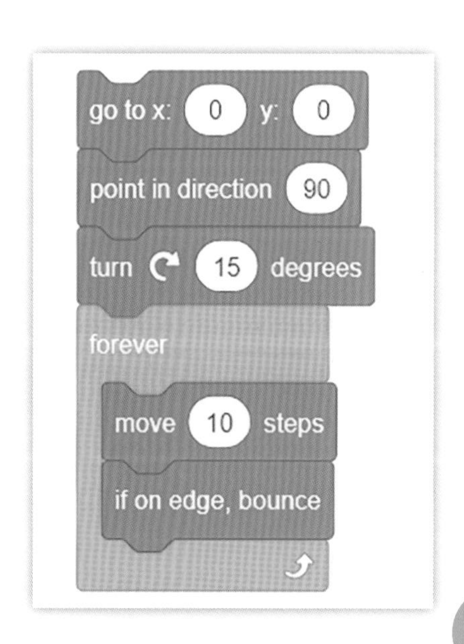

4.5 规划和制作

本课中

你将学习：

➔ 如何按照规划开发一个新程序。

规划

下面是一个程序的规划。

- 角色将会跳到一个任意位置。
- 角色将会说“Hello！”。
- 角色将顺着鼠标指针的方向移动。

第一个指令

角色将从一个**随机**的位置开始。随机意味着你不知道从哪里开始。

角色将会说“Hello！”。

go to random position

找到这些积木块并将它们组装到一起。

重复指令

右边是使角色指向鼠标指针方向的积木块。

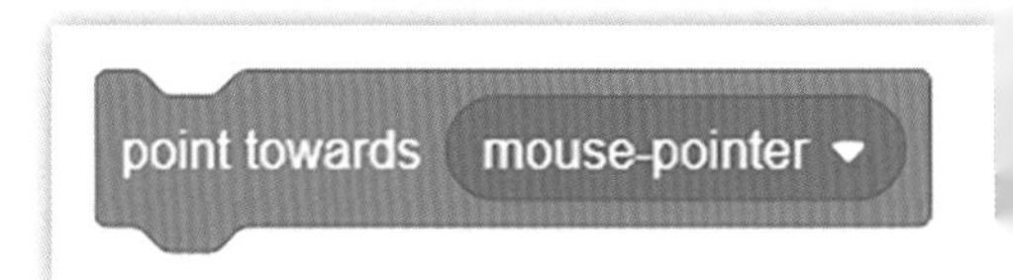

下面是一个使角色移动10步的积木块。

这两个积木块将进入一个永久循环中。

完成的程序

这是所有部件都准备好的程序。它有一个启动事件——绿色的旗帜。

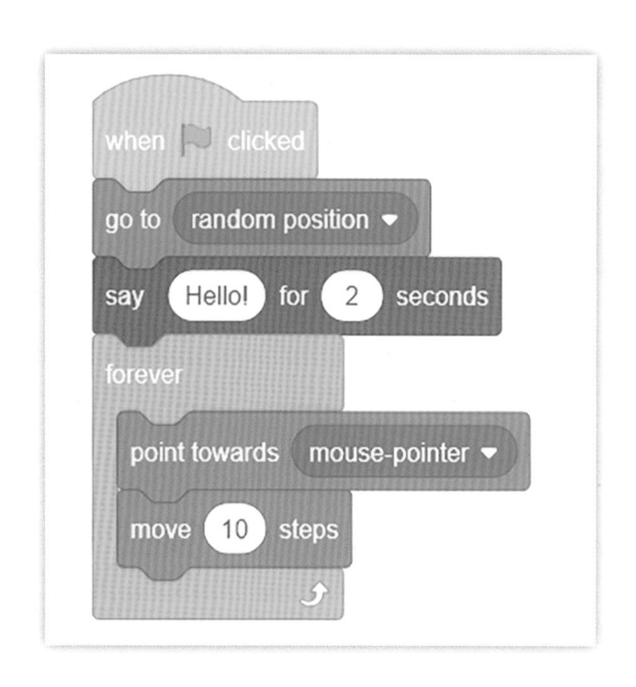

活动

开始一个新的程序。选择一个看起来像鱼的角色。选一个看起来像在水下的背景。

按照在本页纸中展示的那样做一个程序。这个程序将使鱼在水下游泳。

再想一想

考虑一下你的程序能做怎样的改变。如果你做了这些改变将会发生什么？

额外挑战

将水母角色添加到水下场景。为这个角色制作程序。

- 使用与以前相同的积木块。
- 拿掉follow the mouse pointer（跟随鼠标指针）积木块。
- 添加一个if on edge bounce（碰到边缘就反弹）积木块。
- 将步数设为2而不是10。

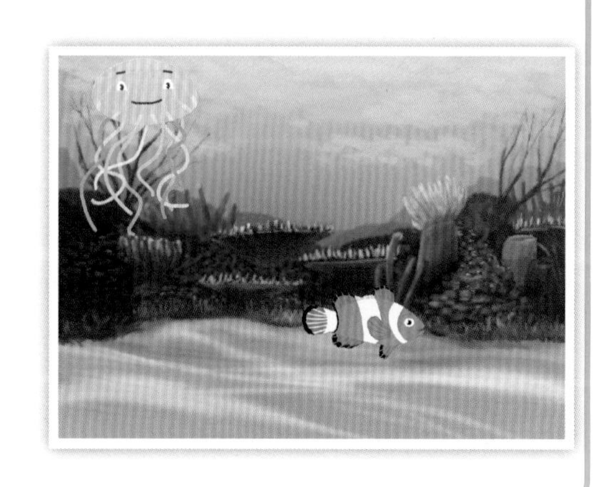

4.6 发现和修正错误

本课中

中文界面图

你将学习：

➔ 怎样修改一个程序；

➔ 怎样发现和修正错误。

匹配动作的一些指令

一个同学想做一个程序。他决定角色将完成以下操作：

- 跳到一个随机的位置；
- 说“Hello!”；
- 永远在屏幕上移动。

```
when 🏁 clicked
go to random position ▾
say Hello! for 2 seconds
move 10 steps
```

该同学找到了与动作相匹配的积木块。由这些积木块构成的程序如右上图所示。

该同学运行了这个程序，但是这个程序没有按他想要的方式运行。角色只移动了一次，然后就停了下来。

```
when 🏁 clicked
forever
    go to random position ▾
    say Hello! for 2 seconds
    move 10 steps
```

使用循环

该同学决定使用“永久循环”。他把所有的命令积木块放在循环结构中。完成的程序如右中图所示。

该同学运行这个程序。这个程序还是没有按他想要的方式运行。循环中的积木块太多了。角色不停地跳到一个新地方，不停地说“Hello!”。

```
when 🏁 clicked
go to random position ▾
say Hello! for 2 seconds
forever
    move 10 steps
```

循环内外

一些指令应该被放在循环之前。这些命令只能执行一次。

一些指令应该被放在循环内，这些指令将被重复执行。

请看上一页的最后一张图片。你将看到程序中的所有命令都在合适的位置。

增加反弹

角色移动，直到它几乎离开屏幕，然后停止。必须添加一个积木块，在角色碰到边的时候，告诉角色反弹。

完成的程序如右图所示。

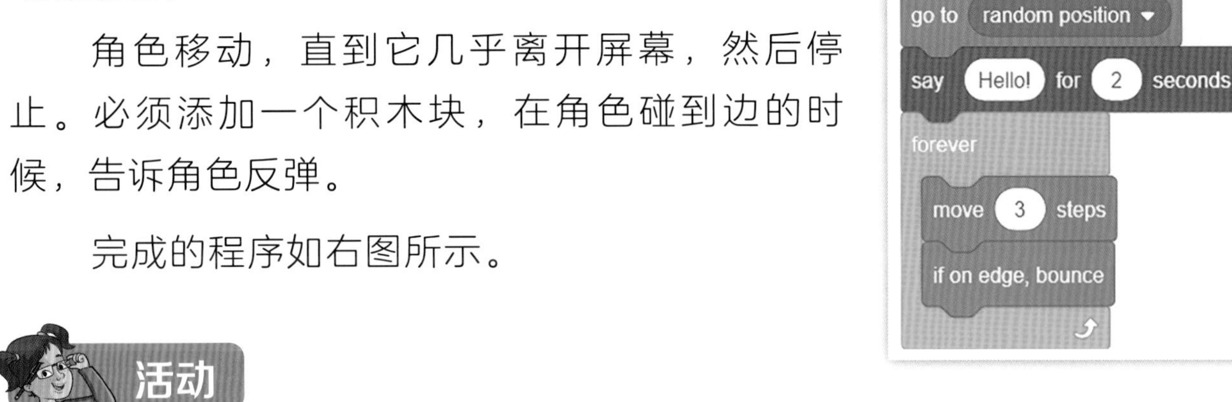

活动

利用本页介绍的方法制作一个程序，使蝴蝶在屏幕上移动。

额外挑战

看看你做的程序，找出写着move 10 steps（移动10步）的积木块。

改变数字。运行程序，看看有什么不同。

探索当你使用不同的数字时会发生什么。

探索更多

制作一个新程序。使用一个看起来像球的角色，让它在屏幕上弹来弹去。

添加不同类型的球。将它们的速度设置为不同的值。

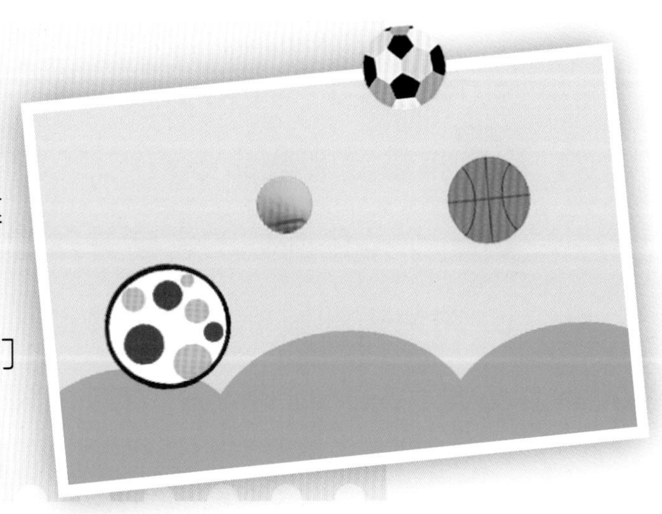

测一测

你已经学习了：

➔ 程序是如何由命令组成的；

➔ 如何选择命令来生成所需的程序；

➔ 如何制作一个有效的程序；

➔ 如何对程序进行更改和更正。

中文界面图

测试

右图是一个用Scratch编写的程序。为下面的每个问题选一个答案。

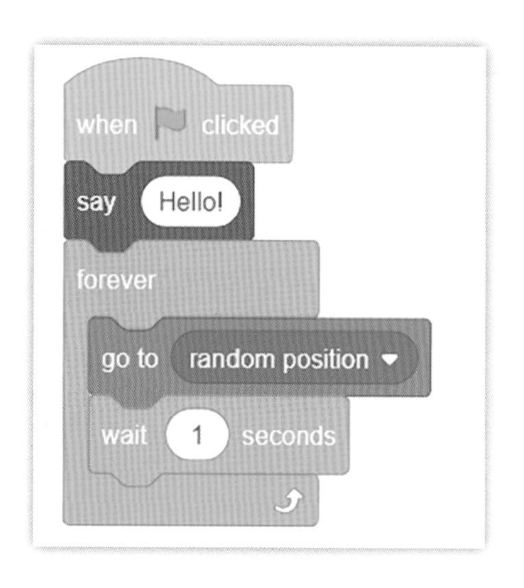

❶ 这个程序是做什么的？

a. 使角色四处移动。

b. 单击绿色旗帜。

c. 玩游戏。

❷ 这个程序开始时会发生什么？

a. 角色向前移动10步。

b. 角色说“Hello!”。

c. 角色去了一个随机的位置。

❸ 程序将重复哪些命令？

a. 一个角色问你的名字并对你说“Hello!”。

b. 角色指向鼠标并向前移动。

c. 角色去一个随机的地方，等待1秒。

④ 如果你把下面这个积木块加到永久循环里面会发生什么？

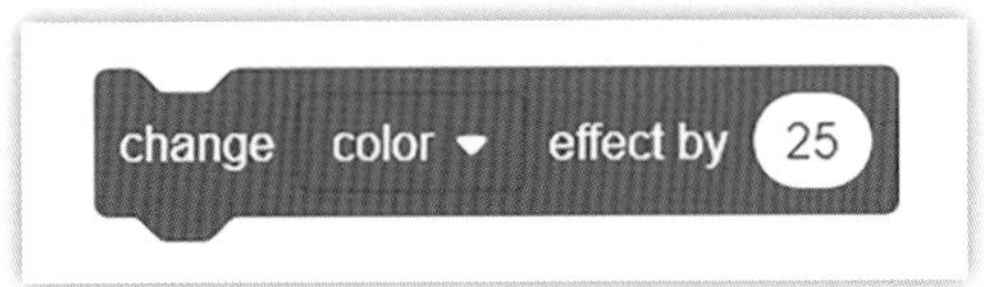

a. 角色只会变色一次。

b. 角色经常变色。

c. 角色变成了红色。

活动

1. 做一个能完成以下动作的程序：

- 角色向前走了10步。
- 角色说“再见！”
- 角色又走了10步。

2. 规划并制作一个包含永久循环的程序，你可以决定在程序中放置什么命令。

自我评估

- 我回答了测试题1并开始了活动1。
- 我回答了测试题1~测试题3。我完成了活动1。
- 我回答了所有的测试题。我完成了这两项活动。

重读本单元中你不确定的部分。再次尝试测试和活动，这次你能做得更多吗？

多媒体：我的爱好

你将学习：

- 如何用文字制作文档；
- 如何用图片制作文档；
- 如何将作品另存为文件；
- 如何打开保存的文件。

你叫什么名字？

为了好玩，你喜欢做哪些事情？

在本单元中，你将使用文字和图片制作一个页面，列出你最喜欢的爱好。

谈一谈

我们都有自己擅长的东西。我们称自己擅长的东西为“才能”。你有什么才能？

告诉同学你的才能。

学习成果：用文字和图片制作文档；将你的作品保存为存储器中的文件。

课堂活动

文件　图像
保存　文件　文本框
边框

你的老师会给每位同学一张纸和一支铅笔。

在纸上写出或画出自己擅长的事情。

把胶水涂在纸的末端。像这样把所有的纸张连接起来。

用写着同学们才能的纸花环装饰你的班级。

你知道吗?

为了好玩而做的一些事情能帮助你感到轻松和愉悦。

5.1 做一个海报

本课中

你将学习：

→ 用图片和文字做一张海报；

→ 将海报保存下来备用。

爱好

奥利弗享受读书。他最喜欢读书。

艾娃享受跳绳。她最喜欢跳绳。

你最喜欢的是什么？

你会看到奥利弗是如何制作一张关于他的爱好的海报的。

你将列出一页你的爱好。

为海报添加标题

奥利弗最喜欢读书。他在海报上加了一个标题。题目是My hobby is reading（我的爱好是阅读）。他用键盘输入标题。

1. 奥利弗输入一个标题。字母出现在屏幕上的光标处。

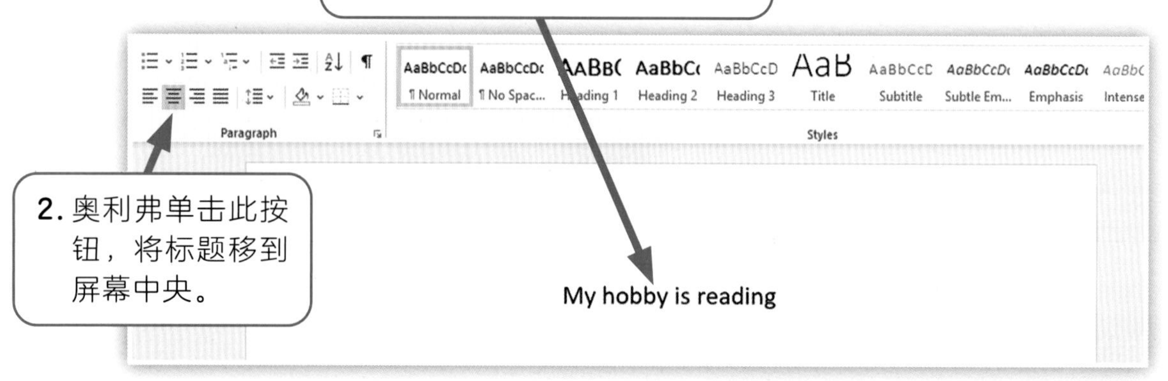

奥利弗已经开始做他的海报了。为了不丢失，以便以后再用，奥利弗需要保存他的海报。

保存你的作品

在计算机中保存信息的地方称为文件。奥利弗把他的作品保存在一个文件里。

他单击FILE（文件），然后单击Save As（另存为）。

他把这个文件命名为My hobby（我的爱好）。

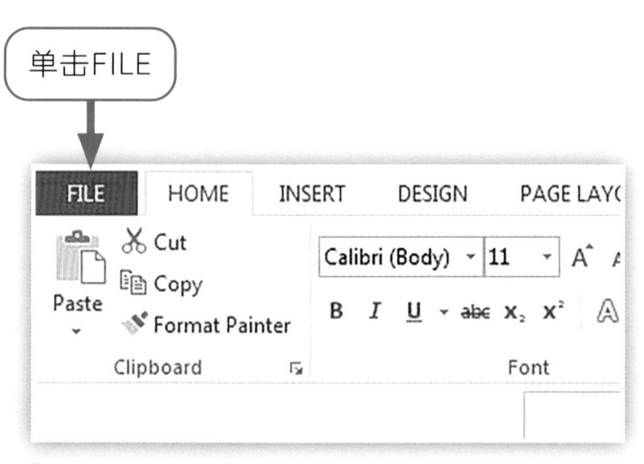

活动

选取一个你最喜欢的爱好。在你的计算机上打开一个新的文件。为你的海报选取一个标题。用奥利弗的方法输入你的标题。

额外挑战

将你的作品保存在一个叫作“我的爱好”的文件中。

- 你的爱好是什么？
- 你的爱好有难度吗？
- 你的爱好使用特殊设备吗？

记下你的爱好，稍后你在海报上加单词的时候可以用到它们。

5.2 添加文本框

本课中

中文界面图

你将学习：

➔ 怎样打开已经保存的文件；

➔ 怎样添加文本框。

打开一个文件

你要在海报上多加几个字。

首先，你需要打开上一课中保存的文件。

单击FILE（文件）。

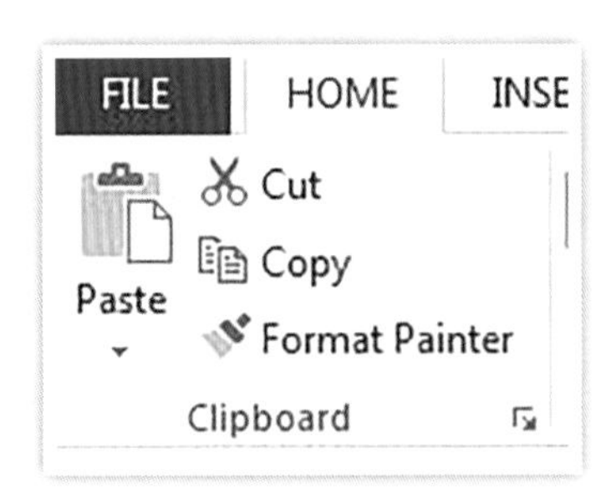

单击Open（打开）。

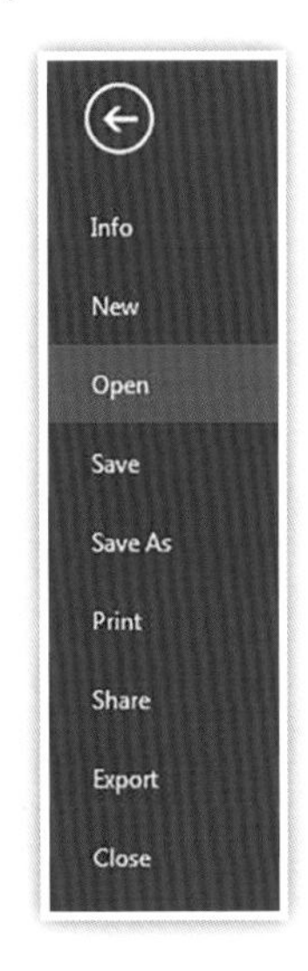

单击你想要打开的文件的名称。

添加一个文本框

文字处理应用程序可以让你把文字和图片放在一起。你可以在页面任何地方的矩形中放置文字。这个矩形称为**文本框**。

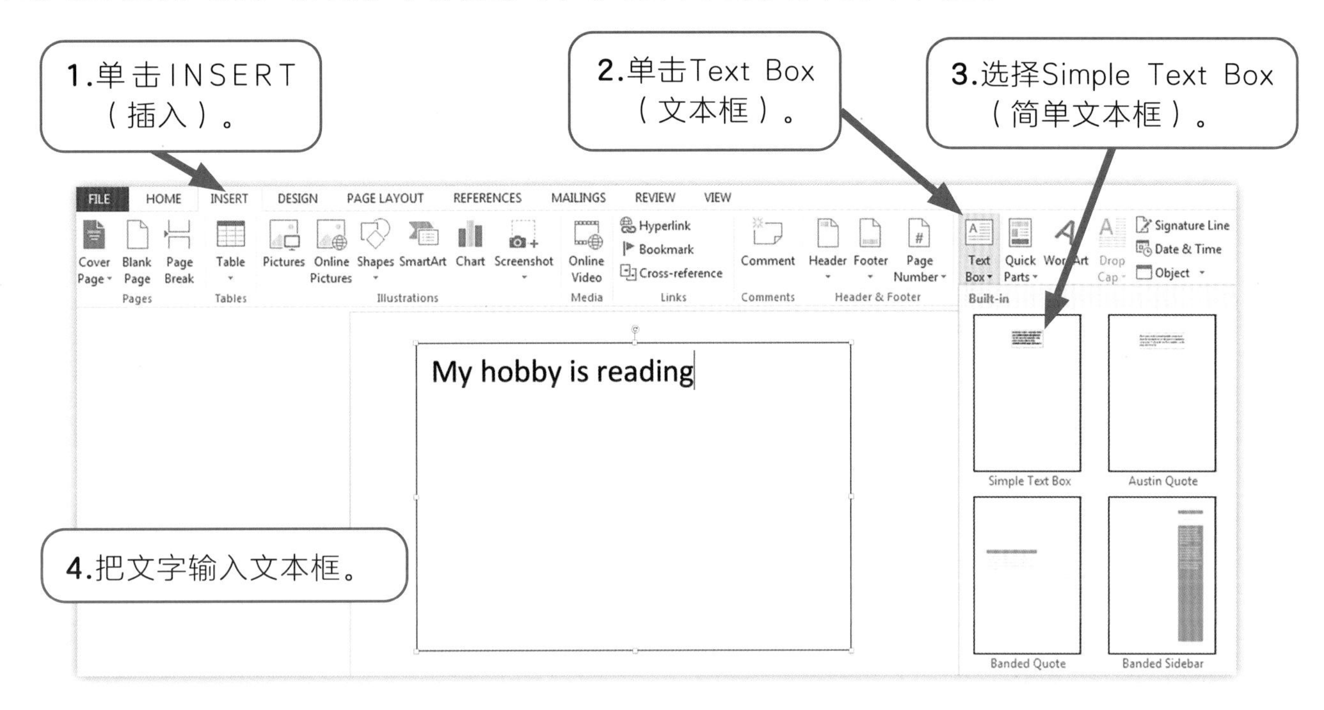

活动

在关于你的爱好的文件中插入一个文本框。写下关于你的爱好的文字。

- 你最喜欢的爱好是什么？
- 为什么你有这个爱好？
- 这个爱好很难吗？
- 这个爱好很容易吗？

额外挑战

你可以把这个文本框移动到屏幕的不同位置吗？

你可以改变文本框中文字的颜色吗？

探索更多

去看看你家附近的标语和海报。其中的文字和图片尺寸有多大？为什么设计成这样？

5.3 插入图像

本课中

你将学习：

➔ 怎样在海报中添加图像。

中文界面图

寻找图像

有些程序可以帮助你寻找图片或图像。

1.单击Insert（插入）。

2.单击Online Pictures（联机图片）。

3.在这里输入要搜索的关键词，按Enter键。

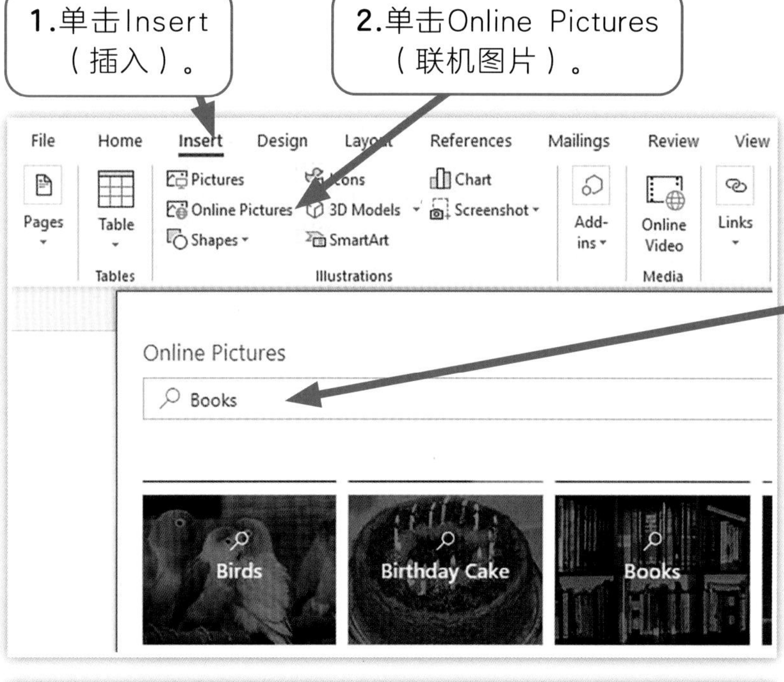

1.选取一张你喜欢的图片。

2.单击Insert（插入）按钮。

活动

打开你的“我的爱好”文件。

搜索一张关于你爱好的图像。将这张图像插入到你的海报当中。

保存你的文件。

再想一想 你为什么喜欢你选择的图像？

额外挑战

改变海报标题的外观。

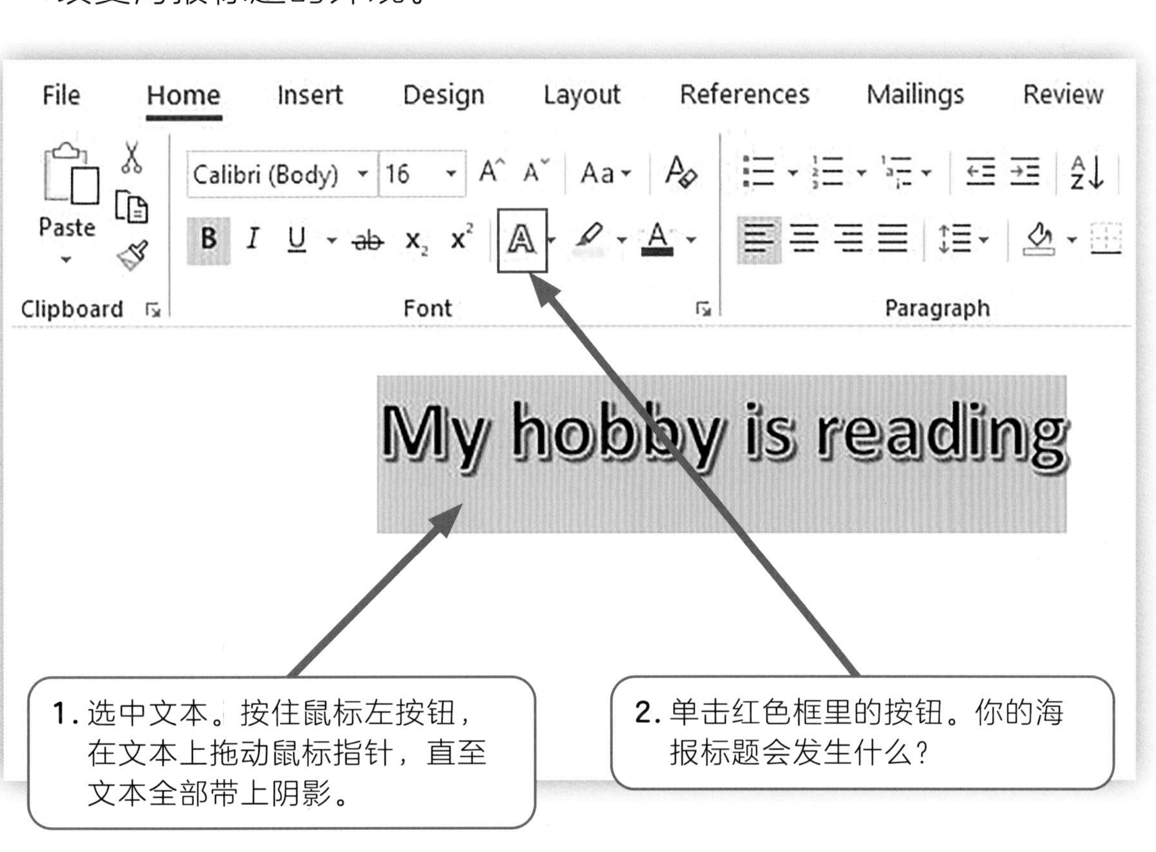

1. 选中文本。按住鼠标左按钮，在文本上拖动鼠标指针，直至文本全部带上阴影。
2. 单击红色框里的按钮。你的海报标题会发生什么？

5.4 改变图像的大小

本课中

你将学习：

➔ 如何在页面中移动图像；

➔ 如何使图像变小或变大。

奥利弗已经将一幅包含大量书的图像插入海报。他想把这幅图像移动到海报的底部。

怎样移动一幅图像

单击你想要移动的图像。

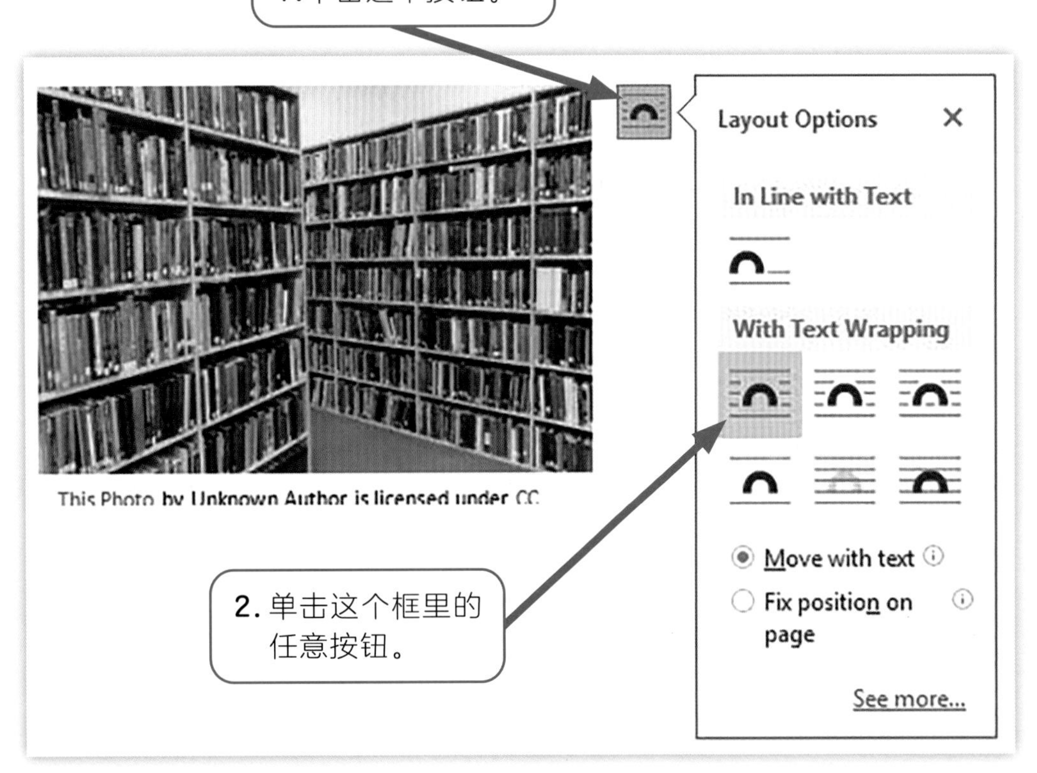

现在可以移动图像了。在图像的任意位置单击并按住鼠标按钮。将图像拖动到要将其移动到的位置，然后松开鼠标按钮。

改变图像的大小

你可以改变图像的大小。可以使这个图像变大或者变小。

单击图像。图像周围会出现一个方框。在这个方框的任意一角上单击并按住鼠标按钮。将鼠标向图像中间拖动，使图像变小。将鼠标从图像中向外拖动，使图像变大。

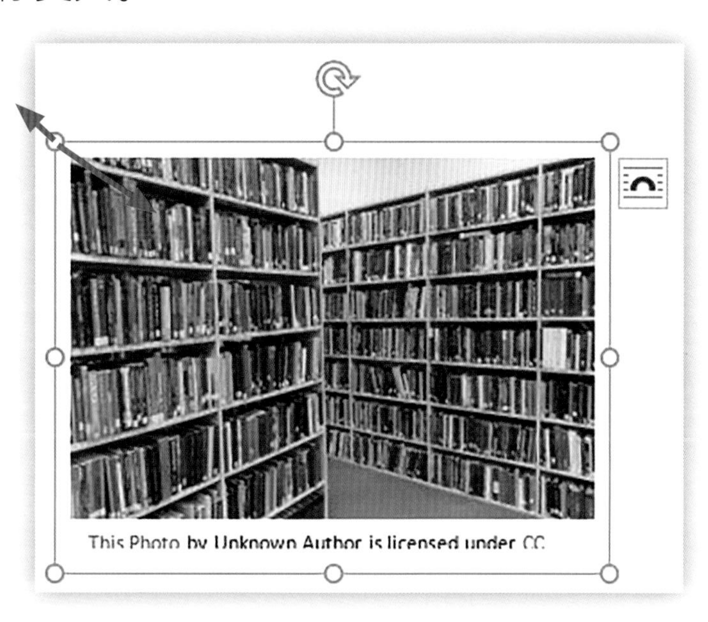

打开你的叫作“我的爱好”的文件。

改变你海报中图像的大小。

将图像移动到页面的中间。

保存你的文件。

额外挑战

找到第二幅图像并添加到你的海报中。在你的海报中放置两幅图像。

在你的海报中，你是喜欢添加一幅大图像还是更喜欢添加很多幅小图像呢？

为你的选择给出理由。

5.5 添加形状

本课中

你将学习：

➔ 如何将形状添加为文本框。

中文界面图

形状文本框

你已经学习了如何添加文本框。你可以使用文本框将文本放在页面的任何位置。

你也可以在形状中添加文本，使你的作品更有趣。

选择一个文本框形状

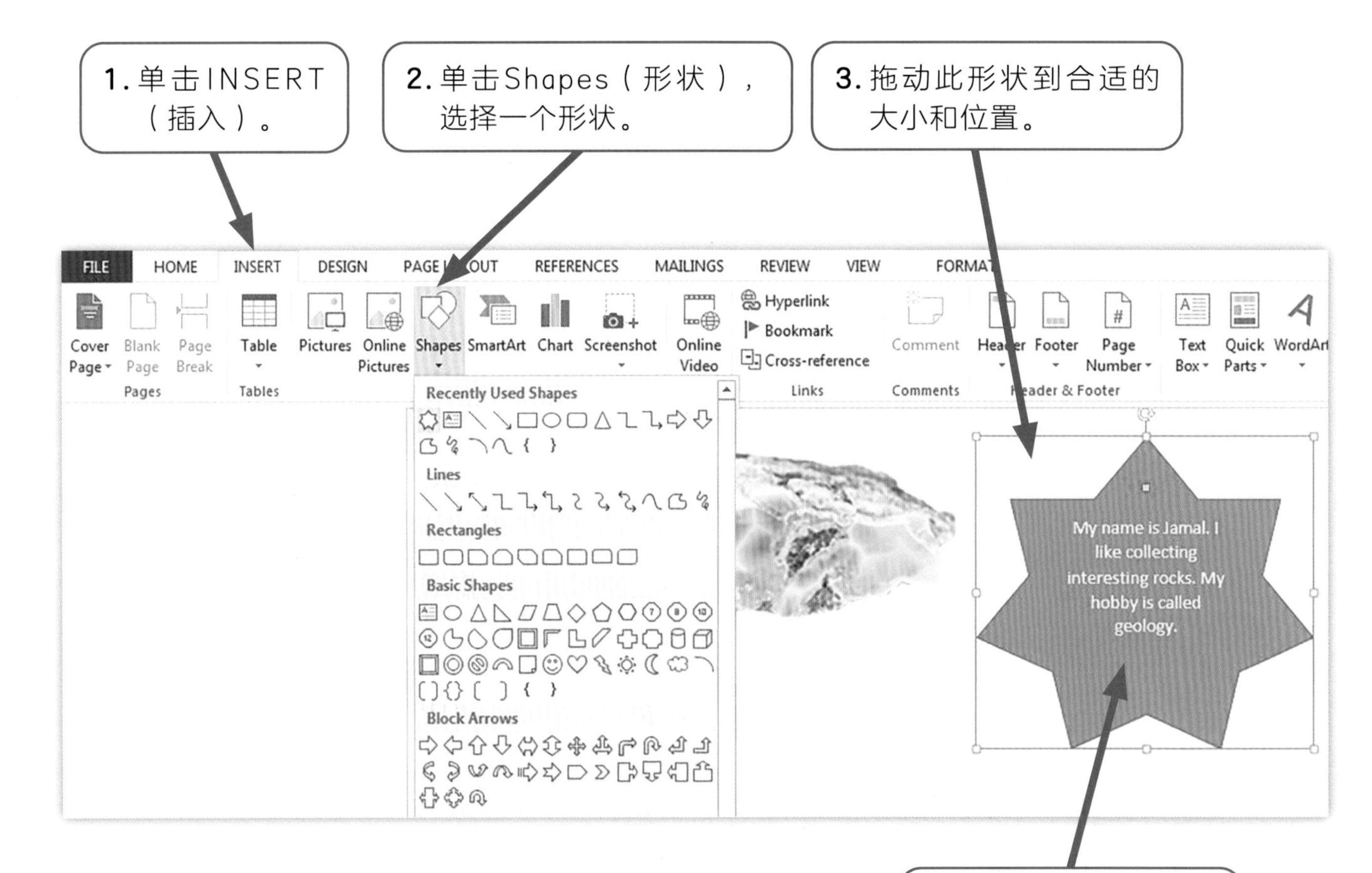

改变一个文本框的外观

首先单击这个形状。

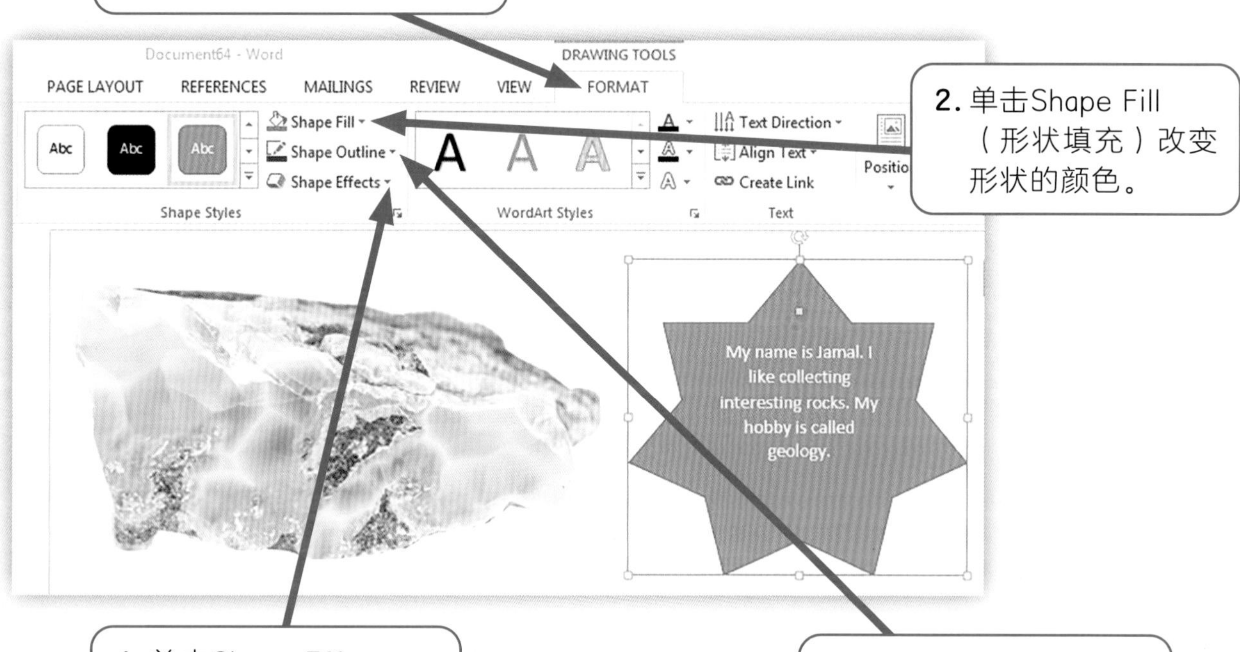

4. 单击Shape Effects（形状效果）使形状边缘看起来不同。

3. 单击Shape Outline（形状轮廓）改变形状边框的颜色。

打开名称为“我的爱好”的文件。

在你的海报中添加一个形状。在这个形状中添加一个重要信息。例如，你的朋友也有相同的爱好吗？让这个框看起来是你想要的样子。

保存你的文件。

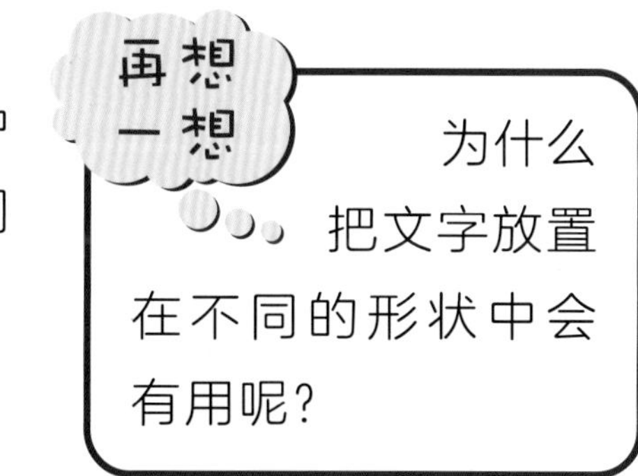

额外挑战

怎样改变文本框中文本的颜色和大小？

5.6 完成海报

本课中

你将学习：

➔ 怎样把文本和图像放在一个页面中。

页面元素

传单、海报和小册子都可以给我们提供信息。

当文本和图像在一个页面上出现时，我们可以更好地理解信息。

下面是关于林林小朋友爱好的海报，其中有不同的部分或元素。

我的爱好

这是标题。标题应该是大字且容易阅读的。标题应该说明整个页面的主要内容。

这是主体框。主体的文本给出有趣的信息。

我的名字叫林林。我今年7岁了。我的爱好是观察鸟。
我使用双筒望远镜向树上看去。

图像是关于页面主题的。

形状给了很重要的信息。

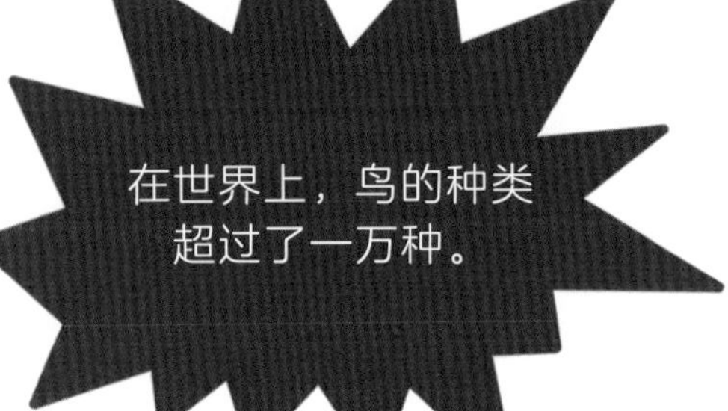

图注解释了图片的内容。

蜂鸟是世界上最小的鸟。它有5厘米长。蜂鸟能向后飞。

活动

打开你的“我的爱好”文件。

你能给你的海报做一些改善吗？

你可以：

- 添加新的文本和图像；
- 改变文本框的大小；
- 改变图像的大小；
- 移动文本和图像。

额外挑战

做一张关于你最喜欢的学科的海报。

- 使用文本框；
- 使用图像；
- 保存你的文件。

创造力

怎样能使你的标题看起来有趣？你能改变文本的大小、字体或颜色吗？

再想一想

看看这些关于爱好的海报。

和你的朋友谈谈你最喜欢哪一张海报。为什么你最喜欢这张海报？

测一测

你已经学习了：

- ➔ 如何用文字制作文档；
- ➔ 如何用图制作文档；
- ➔ 如何将作品保存为文件；
- ➔ 如何打开保存的文件。

测试

❶ 如果你单击这个图标，你能获得什么？

❷ 说一些你可以添加到海报中的东西。

❸ 在一个文字处理应用程序中，你怎样找到图像？

❹ 写出两种可以使文字在页面中突出的方式。

打开一个新文件。

做一张对你而言重要的人或事的海报。

添加：

- 一个标题；
- 一幅图片或图像；
- 一个图注说明；
- 一个非矩形的文本框。

如果有时间，给你的图像添加一个边框。

保存你的文件。

自我评估

- 我回答了测试题1和测试题2。
- 我开始了活动。我做了一张有文字的海报。
- 我回答了测试题1~测试题3。
- 我继续活动。我用文字和图像做了一张海报。
- 我回答了所有的测试题。
- 我完成了活动。我用学到的技巧把海报做得好看。

重读本单元中你不确定的部分。再次尝试测试和活动，这次你能做得更多吗？

数字和数据：统计野生动物

你将学习：

➔ 怎样在一个电子表格中添加标签和值；

➔ 如何用公式求和。

电子表格是一种计算工具，能够计算出一系列数值的总数。

在本单元中，假设你是自然保护区的护林员。你将制作一个电子表格，并用它统计动物总数。

护林员在自然保护区照看野生动物，保护动物的安全。他需要知道保护区里有什么种类的动物。

护林员也需要知道保护区里有多少动物。

谈一谈

如果你是野生动物管理员，你的保护区里会有什么动物？

学习成果：将数字输入计算机，然后求和。

课堂活动

告诉老师在你的保护区内有哪些种类的动物。数一数有多少同学喜欢不同种类的动物。

单元格　公式　标签
值　加法
减法

你知道吗?

卡万戈-赞比西跨境保护区包括36个国家公园、保护区和野生动物区。它横跨安哥拉、博茨瓦纳、纳米比亚、赞比亚和津巴布韦等国家。

6.1 电子表格标签和值

本课中

你将学习：

➔ 怎样把标签插入电子表格单元格。

螺旋回顾

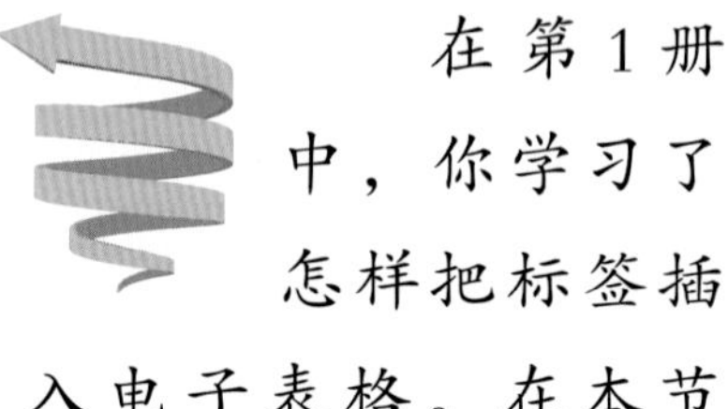

在第1册中，你学习了怎样把标签插入电子表格。在本节课中，你将再次使用这些技能。

电子表格单元格

电子表格由列和行组成。列以字母命名，行以数字编号。列与行交叉的地方称为**单元格**。每个单元格都用其列字母和行号命名。例如，单元格B3。

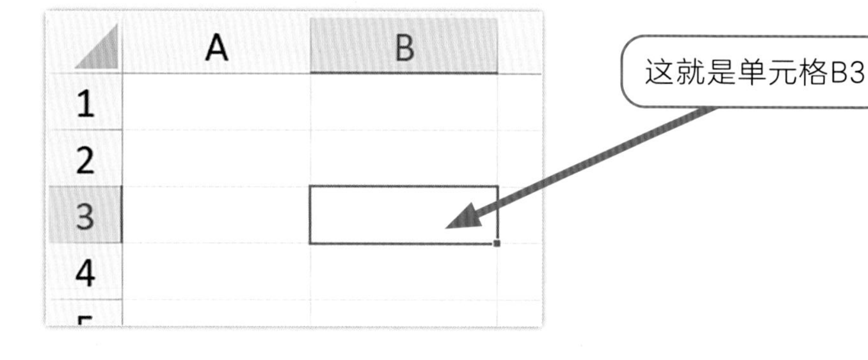

电子表格标签

你可以将文本放入电子表格单元格中。包含文本的单元格称为**标签**。标签告诉你电子表格中的值代表什么。

要创建此电子表格：

- 将电子表格的标题放在单元格A1中。
- 在A列的其他单元格中输入不同动物的名称。

	A	B
1	保护区里的动物	
2		
3	斑马	
4	狮子	
5	长颈鹿	
6	猎豹	
7		

电子表格值

你可以在电子表格单元格中输入数字。这些数字称为值。

- 把数值放在B列。这些数字表示保护区有多少动物。

	A	B
1	保护区里的动物	
2		
3	斑马	6
4	狮子	4
5	长颈鹿	3
6	猎豹	2

输入上面显示的标签和值来制作电子表格。保存文件。

额外挑战

在列表中添加另外一种动物。你的保护区里一共有多少动物?

在正确的单元格中输入数字。

标签为“长颈鹿”的单元格的名称是什么?

6.2 求和

本课中

你将学习：

➔ 怎样将一列数字相加。

中文界面图

动物总数

在这节课中，你将了解保护区里有多少动物。你要把所有的数字加起来算出总数。

电子表格会帮你算出总数。其优点在于：

- 比自己计算要快；
- 不会出错。

	A	B
1	保护区里的动物	
2		
3	斑马	6
4	狮子	4
5	长颈鹿	3
6	猎豹	2
7		
8	总计	

输入标签

在电子表格中输入标签。在这个例子中，标签上写着“总计”。它在A8单元格。

加起来

在数学中，SUM表示某事物的总和。将总数相加的公式称为AutoSum（自动求和）。

单击Formulas（公式）菜单，找到AutoSum（自动求和）按钮。你找到这个按钮了吗？

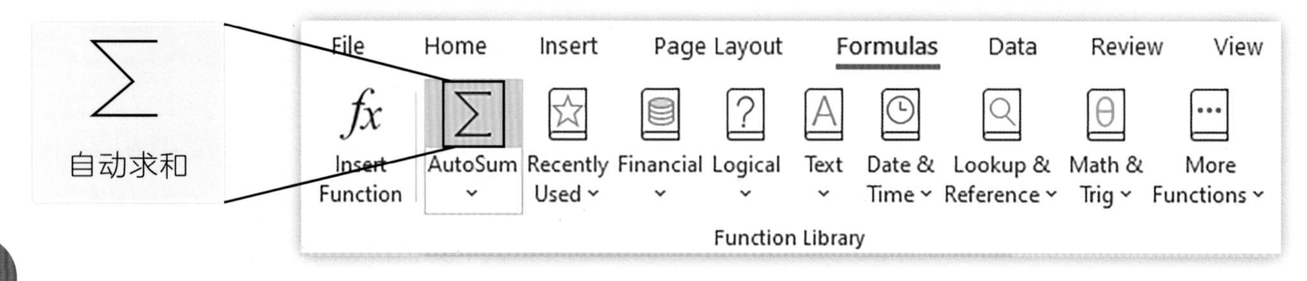

选择单元格

选择总计值所在的单元格。在本例中，它是单元格B8。现在单击AutoSum（自动求和）按钮。

按Enter键，计算机将计算出总数。

	A	B	C
1	保护区里的动物		
2			
3	斑马	6	
4	狮子	4	
5	长颈鹿	3	
6	猎豹	2	
7			
8	总计	=SUM(B3:B7)	

	A	B
1	保护区里的动物	
2		
3	斑马	6
4	狮子	4
5	长颈鹿	3
6	猎豹	2
7		
8	总计	15

活动

打开上一课制作的文件。添加“总计”标签。使用AutoSum（自动求和）将所有数相加。

保存你的作品。

额外挑战

选择包含词“总计”的单元格，将此文本设为红色。

用自动求和法把数字加起来，结果是文本标签还是数值？

你是怎么知道的？

6.3 单元格引用及其范围

本课中

你将学习：

➔ 什么是单元格范围；

➔ 如何在公式中使用单元格引用。

单元格引用

你已经了解到每个电子表格单元格都有一个名称。名称由列字母和行号组成。

单元格的名称称为单元格引用。B3和B7都是单元格引用。

单元格范围

单元格范围是一个单元格块。

	A	B
1	保护区里的动物	
2		
3	斑马	6
4	狮子	4
5	长颈鹿	3
6	猎豹	2
7		
8	总计	=SUM(B3:B7)

单元格B3~B7

B3:B7是一个范围。

B3:B7指从B3到B7的所有单元格。

什么是公式?

公式是计算机的指令。它告诉计算机如何算出一个值。

单击显示动物总数的单元格。

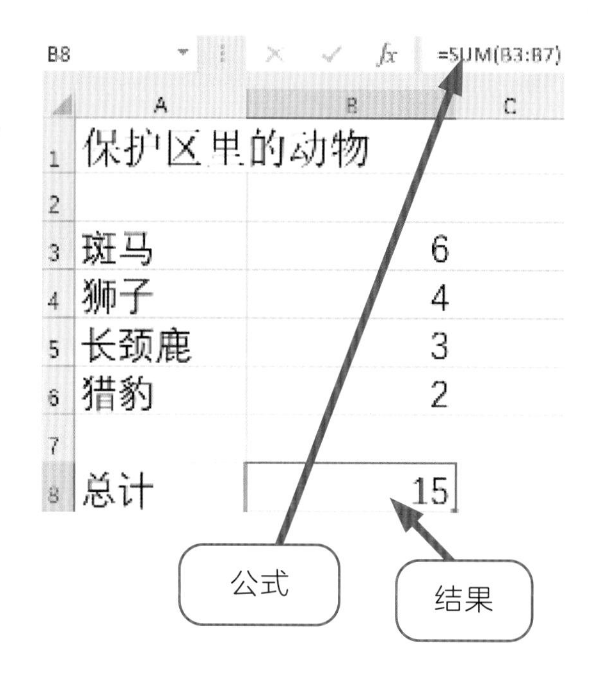

求和公式

看看公式。公式是=SUM（B3:B7）。

这个公式的每一部分都有不同的含义。

你所看到的	它意味着
=	等号告诉计算机这是一个公式
SUM	SUM的意思是“相加”
B3:B7	B3:B7是从B3到B7的单元格范围

这个公式的意思是“把从B3到B7的单元格中的所有数字相加”。

活动

这里有一些关于以上电子表格的单元格引用。把它们写在一张纸上。在每个单元格旁边写下该单元格中的标签或值。

- A1
- A3
- A6

额外挑战

找到有动物名称的单元格。这些单元格的范围是什么?

再想一想

下面是一个来自不同电子表格的公式。这个公式是什么意思?用你自己的话说说。

=SUM（C2:C5）

6.4 新的标签和值

本课中

你将学习：

➔ 如何添加新的标签和值。

添加一个新的标签

三只动物离开了自然保护区。它们去了一个新家。你将更改电子表格，以显示这个新情况。

单击单元格A10。输入标签“去一个新家”。

标签太大了，它溢出到下一个单元格。

	A	B
1	保护区里的动物	
2		
3	斑马	6
4	狮子	4
5	长颈鹿	3
6	猎豹	2
7		
8	总计	15
9		
10	去一个新家	

添加新值

现在把数字加起来。单击单元格B10。输入值3。

	A	B
1	保护区里的动物	
2		
3	斑马	6
4	狮子	4
5	长颈鹿	3
6	猎豹	2
7		
8	总计	15
9		
10	去一个新	3

标签被剪掉了。你看不到所有的内容。

把列加宽

你将使A列变宽，为标签留出足够的空间。

将鼠标指针移动到列字母之间。

按住鼠标左键并拖动，会使列变宽。现在标签没有被切短。电子表格看起来更好。

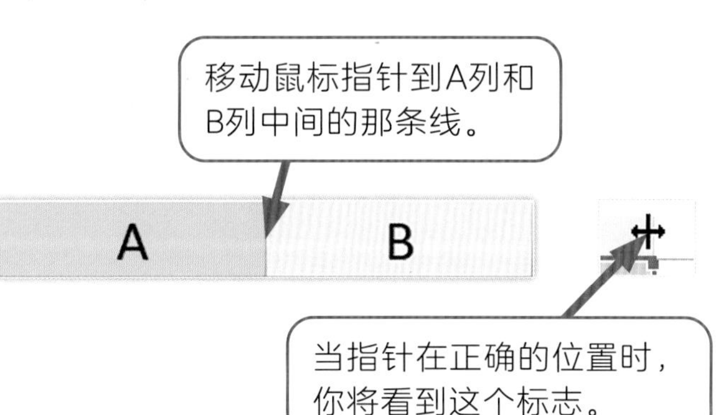

	A	B
1	保护区里的动物	
2		
3	斑马	6
4	狮子	4
5	长颈鹿	3
6	猎豹	2
7		
8	总计	15
9		
10	去一个新家	3

打开你在6.2课中完成的文件。添加一个新标签和数值，以展示三只动物已经去了新家。

额外挑战

使A列变得更宽以便可以看到新标签中的所有内容。

你添加了一个新标签，我们可以阅读标签。为什么这很重要？

6.5 新公式

本课中

你将学习：

➔ 如何制作一个新的电子表格公式。

制作公式

在本课中，你将创建一个新公式。你的公式会计算出保护区还剩下多少动物。

要计算出保护区还剩下多少动物，你必须找到以下三个要素：

总数

减

已经消失的数量

添加标签

首先添加一个标签，标明“剩下的动物”。

	A	B
1	保护区里的动物	
2		
3	斑马	6
4	狮子	4
5	长颈鹿	3
6	猎豹	2
7		
8	总计	15
9		
10	去一个新家	3
11	剩下的动物	

开始计算公式

你将在下一个单元格中添加公式。选择单元格并输入等号。

	A	B
1	保护区里的动物	
2		
3	斑马	6
4	狮子	4
5	长颈鹿	3
6	猎豹	2
7		
8	总计	15
9		
10	去一个新家	3
11	剩下的动物	=

现在必须单击要使用的值。这样做：

（1）单击总计值；

（2）输入减号；

（3）单击已经消失的动物数量，即“去一个新家”值。

当你按Enter键时，计算机会计算出正确的答案。

	A	B
1	保护区里的动物	
2		
3	斑马	6
4	狮子	4
5	长颈鹿	3
6	猎豹	2
7		
8	总计	15
9		
10	去一个新家	3
11	剩下的动物	=B8-B10

活动

打开你在6.4节课保存的文件。输入标签和公式，以显示自然保护区还剩下多少动物。

额外挑战

输入一个新的数字来更改保护区中斑马的数量。总数会怎样？你将在下一课中进一步学习。

再想一想

在本课中，你制作了一个新的公式。写出你的公式。

创造力

为自然保护区做广告，画动物，说出有多少动物。例如，“我们有3只长颈鹿！”

6.6 改变值

本课中

你将学习：

➔ 电子表格中数值的改变是如何改变最终答案的。

单元格引用

公式包含单元格引用。单元格引用是单元格的名称。当计算机看到单元格引用时，它会使用存储在单元格中的数字。

如果数字变了怎么办？在本课中，你会了解将发生什么。

更改数值

电子表格的A列有动物的名字。B列有动物的数量。

在B列这些单元格中输入新数值。

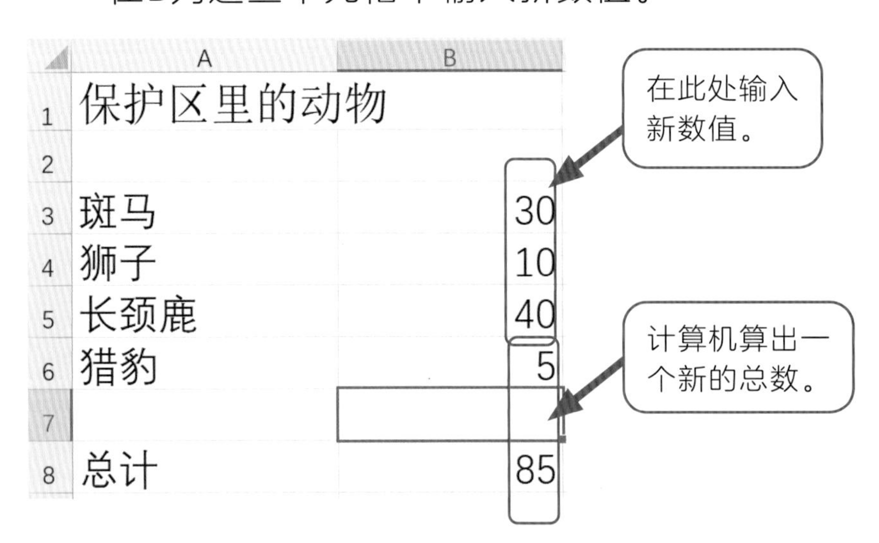

你不必输入新的总数。计算机会自动帮你计算的。

改变留下动物的数量

找到显示去了新家的动物数量的单元格。在单元格中输入新数字。

计算机自动计算出还剩多少动物。

	A	B
1	保护区里的动物	
2		
3	斑马	30
4	狮子	10
5	长颈鹿	40
6	猎豹	5
7		
8	总计	85
9		
10	去一个新家	20
11	剩下的动物	65

活动

打开你在6.5课制作的文件。在电子表格中输入新的动物数量。看看总的变化。你自己在纸上把数字加起来，检查一下计算机计算得是否正确。

额外挑战

你的自然保护区可以有100只动物。每种动物各有多少只？也许你会有10只狮子和50只斑马？在单元格中输入不同的数字。确保保护区内的动物数量不超过100。

探索更多

与家人和朋友谈谈他们喜欢在自然保护区看到什么动物。为自然保护区制订计划。认真挑选动物的种类，这样人们会很喜欢来参观游览。认真确定动物的数量，这样保护区就不会太拥挤。如果你有时间，做一个电子表格来展示你的计划。

测一测

你已经学习了：

➔ 如何在电子表格中输入标签和值；

➔ 如何用公式求和。

测试

贾伊有一个果篮。她做了一个电子表格来显示篮子里有什么水果，她输入了标签和数值。这是她制作的电子表格。

	A	B
1	我的果篮	
2		
3	苹果	5
4	橙子	2
5	香蕉	3
6	杏	
7		
8	总计	

❶ 有多少个橙子？

❷ 篮子里有1个杏。说出这个数值所在的单元格的名称。

❸ 贾伊在B8单元格中输入一个公式，计算出水果的总量，她会看到什么答案？

活动

（1）像贾伊那样做一个类似的电子表格。

（2）在正确的位置输入杏的数量。

（3）加一个公式算出水果的总量。

（4）把苹果的数目改为16。B8单元格的最终结果是什么？

自我评估

- 我回答了测试题1。
- 我完成了活动1。我在电子表格中输入了标签和值。
- 我回答了测试题1和测试题2。
- 我完成了活动1~活动3。我在电子表格的正确位置输入了杏的数量，并在电子表格中添加了一个自动求和公式。
- 我回答了所有的测试题。
- 我完成了所有活动。我输入了正确的公式，发现了改变的效果。

重读本单元中你不确定的部分。再次尝试这些测试和活动，这次你能做得更多吗？

未来的数字公民

计算机可以用来帮助照顾大自然，拯救濒临灭绝的动物。计算机可以帮助解决任何使用数字的问题。我们可以利用计算机的力量来保护环境和生活在其中的生物。

词汇表

安全（safe）：不存在危险。

笔记本计算机（laptop）：可以到处移动的小型计算机。

必要（necessary）：需要什么。计划包含所有必要的操作。

边框（border）：图片的外缘。

标签（label）：输入到电子表格单元格中的文本。

程序员（programmer）：写程序的人。

处理器（processor）：计算机系统的核心，控制计算机系统的所有其他部分。如果你要求计算机去执行一个任务，处理器就是确保任务完成的装置。

触摸屏（touch screen）：用于输入和输出的设备。触摸屏展示输出，触摸这个屏幕也可以进行输入。

次序（sequence）：操作的顺序，一个计划必须用正确的次序展示操作步骤。

存储（save）：留存或者保留一些东西，以便将来使用。

存储器（memory）：计算机的一部分。计算机存储器利用开关信号存储信息。

打印机（printer）：把计算机输出的信息发送到纸张上的设备。

单元格（cell）：电子表格中的方框。

单元格引用（cell reference）：电子表格中单元格的名称，由列字母和行号组合而成。

独立（independent）：有时两个操作是独立的，这意味着它们不需要彼此。哪个操作首先发生，哪个操作其后发生，这并不重要。

个人信息（personal information）：关于你的信息，告诉别人你是谁，以及在哪里可以找到你。例如，你的地址就是个人信息。

公式（formula）：电子表格计算值的指令。在电子表格中，公式以等号（=）开始。

互联网（Internet）：一个遍布全世界的计算机网络。

加载程序（load a program）：从存储器中获取程序，此时你可以运行该程序了。

减法（subtract, subtraction）：把一个数从另一个数中减去。

键盘（keyboard）：一种能让你把字母和其他字符输入计算机的设备。

角色（sprite）：在计算机屏幕上，由程序控制的一个图像。

浏览器（browser）：一个帮助你浏览网页的程序。

麦克风（speaker）：连接着计算机、能发出声音的硬件。

命令（command）：告诉计算机做什么的指令。当你运行一个程序时，计算机遵循相应指令。在Scratch中，每个小积木块都是一个指令。

屏幕（screen）：计算机系统的一部分，它显示的是从计算机输出的内容。笔记本计算机的屏幕叫作显示器。

求和（add, adding, addition）：把两个或两个以上的数字相加用来求总和，或求总体个数。

上传（upload）：从你的计算机中复制文件（如一个网页）到另一台计算机中。

设备（device）：人们用来做有用任务的部件。

事件（event）：影响一个程序的事件，例如，这个事件启动了一个程序。

事件积木块（event block）：一个可以启动程序脚本的积木块。

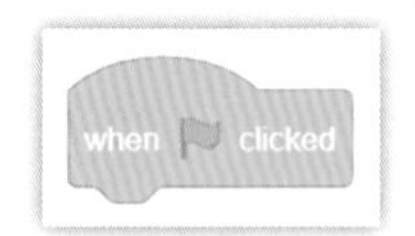

输出（output）：计算机输出的信息。输出设备允许计算机进行输出，例如计算机屏幕或打印机。

输入设备（input devices）：可以让用户把信息或数据输入计算机的设备。

鼠标（mouse）：可以用来在屏幕上移动光标的设备。有些计算机用触摸板代替鼠标。

搜索引擎（search engine）：一个收集网站信息的程序，通过它，你可以很容易地找到网站。

算法（algorithm）：计划，算法是把所有操作步骤以正确的顺序列出来。

随机位置（random location）：如果某物体是随机的，你不知道它会是什么。如果角色跳到一个随机的位置，你不知道角色会跳到哪里。

图像（image）：图片。

网络（network）：一种连接计算机以便它们能互相发送信号的方式。

网站（website）：连接到万维网的一组网页。

文本框（text box）：可以在其中输入字词的矩形框。

文档（document）：一种可以保存文本、也可以保存图像的文件。它可以以电子方式存储，也可以被打印在纸上。

文件（file）：存储在计算机中的信息的集合。每个文件都有自己的名字。

无线（wireless）：不使用导线，在设备之间传输信号。

下载（download）：将文件从一台计算机复制到自己的计算机，如使用互联网连接进行复制。

显示器（monitor）：计算机的屏幕。它是一个输出设备。

依赖（depend on）：有时一个操作依赖于另一个操作，它必须在另一个操作的基础上完成。“依赖”于其他操作的操作就要在该操作完成之后才能出现。

硬件（hardware）：组成计算机的部件。

用户（user）：使用计算机或者程序的人。

永久循环（forever loop）：一种控制结构。只要程序运行，循环中的命令将“永远”重复。

隐私信息（private information）：关于你的秘密，例如你的密码。

运行一个程序（run a program）：一系列的命令。当你在运行程序时，计算机执行这些命令。

值（value）：电子表格中的数字，计算中会用到。